核酸提取仪质量控制指南

主　编　马越云　张　帅

副主编　李伯安　陈　川　雷　红　周　磊

参　编（按姓氏笔画排序）

马景锋	王　涛	王莺金	王曹宇	冯　炫	刘　凯	刘　佳	刘中华	刘君明
刘思渊	安映红	许广辉	许照乾	孙绍权	严　璐	李　军	李　莉	李　崇
李　霞	李开年	李丹丹	李建勇	李思忍	李智慧	肖新清	吴　园	吴贞新
吴晓淼	邱　成	何飞飞	余笑波	邹明松	辛志刚	汪　琳	张　旭	张　译
张　虎	张　辉	张秀俊	张俊斌	陈　霖	陈依松	陈昱桥	武　佳	林　强
卓　华	罗　犇	周选超	赵　荣	赵　雷	赵君伟	胡子峰	施力予	洪毅姜
祝天宇	姚　鹏	秦王丹	袁　寅	徐子琴	郭晓今	郭铮蕾	黄长旺	曹　建
崔　涛	商晓辉	梁　薇	葛　君	焦春红	焦慧扬	曾宪化	蔡锡松	

主　审　隋志伟

机械工业出版社

本书系统地介绍了核酸提取仪质量控制相关技术。其主要内容包括核酸提取技术、核酸提取仪的质量管理、常用核酸提取仪的性能与操作，以及核酸提取仪常见故障分析及案例。本书内容全面具体、图文并茂，将核酸提取仪的基本原理、应用、选型、计量校准、性能验证、质量控制、风险管理等内容进行了有机融合，并对设备使用单位在工作中遇到的知识难点和常见问题进行了讲解，使读者一目了然。本书针对性、指导性和可操作性强，具有较高的实用价值。

本书可供医疗卫生、计量检测机构的管理人员和一线操作人员使用，也可供相关领域的科研人员和相关专业的在校师生参考。

图书在版编目（CIP）数据

核酸提取仪质量控制指南/马越云，张帅主编. —北京：机械工业出版社，2024.4
ISBN 978-7-111-75165-6

Ⅰ.①核… Ⅱ.①马… ②张… Ⅲ.①核酸-提纯-仪器-质量控制-指南
Ⅳ.①Q52-62

中国国家版本馆 CIP 数据核字（2024）第 040063 号

机械工业出版社（北京市百万庄大街 22 号　邮政编码 100037）
策划编辑：陈保华　　　　　　责任编辑：陈保华　贺　怡
责任校对：梁　园 梁　静　　封面设计：马精明
责任印制：郜　敏
三河市宏达印刷有限公司印刷
2024 年 4 月第 1 版第 1 次印刷
184mm×260mm · 11.25 印张 · 241 千字
标准书号：ISBN 978-7-111-75165-6
定价：59.00 元

电话服务　　　　　　　　　网络服务
客服电话：010-88361066　　机 工 官 网：www.cmpbook.com
　　　　　010-88379833　　机 工 官 博：weibo.com/cmp1952
　　　　　010-68326294　　金 书 网：www.golden-book.com
封底无防伪标均为盗版　机工教育服务网：www.cmpedu.com

《核酸提取仪质量控制指南》编委会

李丹丹	江西省计量测试研究院
李建勇	天根生化科技（北京）有限公司
李思忍	柳州市计量技术测试研究所
李智慧	中检西南计量有限公司
肖新清	中国农业大学
吴 园	四川大学华西口腔医院
吴贞新	清流县总医院
吴晓淼	长春市计量检定测试技术研究院
邱 成	广西壮族自治区计量检测研究院
何飞飞	南通市计量检定测试所
余笑波	杭州博度计量科技有限公司
邹明松	遵义市产品质量检验检测院
辛志刚	大连计量检验检测研究院有限公司
汪 琳	福州市第一医院
张 旭	北京计准仪器技术开发有限公司
张 译	普洱市质量技术监督综合检测中心
张 虎	济南市计量检定测试院
张 辉	浙江省计量科学研究院
张秀俊	江苏省盐城市计量测试所
张俊斌	山西省检验检测中心（山西省标准计量技术研究院）
陈 霖	中国中医科学院广安门医院
陈依松	宁德市医院
陈昱桥	乐山市计量测试所
武 佳	青岛市计量技术研究院
林 强	福建省立医院
卓 华	新疆维吾尔自治区计量测试研究院
罗 犇	扬州市检验检测中心
周选超	贵州省计量测试院
赵 荣	中检西南计量有限公司
赵 雷	浙江省计量科学研究院
赵君伟	忻州市综合检验检测中心（忻州市检验检测研究院）

胡子峰　上海市质量监督检验技术研究院

施力予　甘肃省计量研究院

洪毅姜　厦门大学附属中山医院

祝天宇　北京林电伟业计量科技有限公司

姚　鹏　阜阳市计量测试研究所

秦王丹　桂林市计量测试研究所

袁　寅　云南省计量测试技术研究院

徐子琴　福建省立医院

郭晓今　中国人民解放军总医院第三医学中心

郭铮蕾　中国海关科学技术研究中心

黄长旺　南平市第二医院

曹　建　梅特勒托利多科技（中国）有限公司

崔　涛　山东省计量科学研究院

商晓辉　杭州博日科技股份有限公司

梁　薇　内蒙古自治区计量测试研究院

葛　君　阳泉市综合检验检测中心

焦春红　上海之江生物科技股份有限公司

焦慧扬　扬州市检验检测中心

曾宪化　广西壮族自治区计量检测研究院

蔡锡松　广东省计量科学研究院东莞计量院

主　审　隋志伟　中国计量科学研究院

本书合作企业（按首字笔画排序）

上海之江生物科技股份有限公司

天根生化科技（北京）有限公司

西安天隆科技有限公司

江苏硕世生物科技股份有限公司

梅特勒托利多科技（中国）有限公司

序
Foreword

　　核酸是遗传信息的携带者,是基因表达的物质基础,是分子生物学研究的主要对象。要进行核酸结构和功能的研究,首先就要对核酸进行提取。核酸提取仪是应用配套的核酸提取试剂来自动完成样本核酸提取工作的仪器,广泛应用于疾控、临床、司法、环境、食品、畜牧等领域,是分子生物学实验室最为基础的仪器之一。核酸提取效率对后续试验非常重要,而核酸提取仪的有效性与准确性验证,是确保后续试验数据可靠和结果准确的基础。核酸提取仪的温度、振动频率、取液量控制,以及核酸提取回收率评估的准确性等在校准或检测中需要得到有效确认,以确保仪器在试验过程中可靠、有效。规范管理、正确操作、定期检测校准、质量控制、维护保养是保证仪器安全运行、保障核酸提取工作准确可靠的关键。

　　本书内容包括核酸提取技术概要、核酸提取仪的质量管理及常用核酸提取仪的性能与操作等。本书图文并茂、针对性强,有较强的科学性和指导性,并对工作中遇到的常见问题进行了探讨,使读者一目了然,具有很高的操作借鉴性和参考价值。

　　本书的编写工作是由多专业、多部门的相关技术专家共同参与完成的。本书汇集了丰富的管理知识和技术操作方法,可为一线管理人员、操作人员提供帮助,具有较高的实用价值,将会对促进行业内学术交流、提高行业整体水平起到较大的推动作用。

中国计量科学研究院科技管理部　副主任

前 言
Preface

核酸是分子生物学研究的基础，核酸提取是分子试验中的关键步骤，PCR（聚合酶链反应）、qPCR（实时荧光定量聚合酶链反应）、建库测序等都需要高质量地提取核酸才能顺利进行。核酸提取的质量决定了整个分子相关检测试验结果的有效性。

从核酸提取技术的发展历程来看，核酸提取主要经历了"有机溶剂抽提技术（酚氯仿抽提法）→硅胶膜吸附技术（离心柱提取法）→磁珠吸附技术（磁珠提取法）→自动化工作系统（全自动核酸提取仪）"的过程。前3个过程都是手工提取，核酸手工提取比较经典，但操作烦琐，难以应对像新型冠状病毒感染疫情（简称新冠疫情）这样的大规模检测。核酸提取仪将繁杂的手工核酸提取集成化、自动化，采用多模块组合方案，将核酸提取时间大大缩短。在高通量核酸检测过程中，尤其是在新冠疫情期间的检测中，核酸提取仪极大地减少了人力和时间成本，促进了分子诊断实验室的自动化和信息化，将分子诊断技术的临床应用推向了高潮。核酸提取仪也普及到了全国范围内的分子诊断实验室。

本书从核酸提取的原理出发，对核酸提取的方法和基本原理、自动化建设，以及核酸提取仪的选择和使用要求等进行了系统解析，尤其是对核酸提取仪的校准、质量管理、风险管理，以及可能出现的异常情况，提供了相应的管理和解决问题的方案，是一本综合性、指导性较强的专业书籍，适宜作为培训用书。

本书编写团队由多专业、多领域的专家组成，这些专家均长期从事医学检验，食品、药品安全检测，海关防疫检测，病原微生物研究，医学计量等工作，具有扎实的专业理论基础及丰富的工作经验。

在本书编写的过程中，得到了行业专家和上海之江生物科技股份有限公司、天根生化科技（北京）有限公司、西安天隆科技有限公司、江苏硕世生物科技股份有限公司、梅特勒托利多科技（中国）有限公司等单位的大力支持，各单位分别详细地对自己生产的核酸提取仪进行了性能与通用操作、仪器异常使用情况及相关案例等的介绍，在此一并致谢。本书的编写工作还得到了中国计量科学研究院、浙江省计量科学研究院、北京林电伟业计量科技有限公司等单位的积极配合，在此对各相关单位表示诚挚的感谢。

希望本书能够助力核酸提取仪的普及和规范化使用，以提高核酸检测的质量和能力，满足行业标准和临床需求。

由于编者专业知识局限，不足之处在所难免，恳请读者和同行给予批评指正！

中国人民解放军空军特色医学中心临床检验科主任

目录
Contents

序

前言

第一章　核酸提取技术 …………… **1**

第一节　核酸提取方法及基本

　　　　原理 ……………………… 1

第二节　核酸提取的自动化 …… 9

第三节　核酸提取仪的应用 …… 10

第四节　核酸提取仪的选择和

　　　　使用要求 ……………… 12

第二章　核酸提取仪的质量

管理 ……………………… **18**

第一节　核酸提取仪的校准 …… 18

第二节　核酸提取仪的性能

　　　　验证 …………………… 32

第三节　核酸提取仪的质量

　　　　控制 …………………… 41

第四节　核酸提取仪的风险

　　　　管理 …………………… 54

第三章　常用核酸提取仪的性能与

操作 ……………………… **61**

第一节　西安天隆核酸提取仪 … 61

第二节　之江生物核酸提取仪 … 70

第三节　天根生化核酸提取仪 …… 76

第四节　达安基因核酸提取仪 …… 86

第五节　江苏硕世核酸提取仪 …… 92

第六节　罗氏诊断核酸提取仪 …… 104

第七节　圣湘生物核酸提取仪 … 112

第八节　上海伯杰核酸提取仪 …… 120

第九节　杭州博日核酸提取仪 …… 126

第十节　山东博弘核酸提取仪 … 132

第十一节　华大智造核酸

　　　　　提取仪 ……………… 140

第十二节　中元汇吉核酸

　　　　　提取仪 ……………… 147

第十三节　赛默飞世尔核酸

　　　　　提取仪 ……………… 154

第十四节　核酸提取仪相关记录

　　　　　表格 ………………… 159

第四章　核酸提取仪常见故障

分析及案例 …………… **165**

参考文献 ……………………… **169**

核酸提取技术

第一节　核酸提取方法及基本原理

一、概述

核酸是遗传信息的载体，是分子生物学研究的主要对象。1869 年，核酸由瑞士医生和生物学家弗雷德里希·米歇尔分离获得，并称之为 Nuclein。核酸提取是分子诊断技术的应用基础，分子克隆、基因重组、PCR（聚合酶链反应）、建库测序都需要提取核酸后才能顺利进行，而核酸提取方案则是依据核酸的种类及其特点分别设计。

二、核酸的种类

核酸为生命的最基本物质之一，广泛存在于所有动、植物细胞或微生物体内。细胞内的核酸包括脱氧核糖核酸（DNA）和核糖核酸（RNA）两种分子，是核苷酸单体聚合成的生物大分子化合物，均与蛋白质结合成核蛋白（nucleoprotein），DNA 与蛋白质结合成脱氧核糖核蛋白（deoxyribonucleoprotein，DNP），RNA 与蛋白质结合成核糖核蛋白（ribonucleoprotein，RNP）。DNA 和 RNA 都含有腺嘌呤、胞嘧啶和鸟嘌呤，但 DNA 中不含尿嘧啶，只含有胸腺嘧啶。

不同的核酸，其化学组成、核苷酸排列顺序不同。天然存在的 DNA 分子在大多数情况下是双链的，RNA 分子是单链的。真核生物的 DNA 又有染色体 DNA 与细胞器 DNA 之分。前者位于细胞核内，约占 95%，为双链线性分子；后者存在于线粒体或叶绿体等细胞器内，约占 5%，为双链环状分子。除此之外，在原核生物中还有双链环状的质粒 DNA；在非细胞型的病毒颗粒内，DNA 的存在形式多种多样，有双链环状、单链环状、双链线状和单链线状之分。DNA 分子的总长度在不同生物间差异很大，一般随生物的进化程度而增长。例如，人的 DNA 大约由 $3.0×10^9$ 个碱基对（base pair，bp）组成，与 5243bp 的猿猴空泡病毒 40（simian vacuolating virus 40，SV40）相比，

其长度约为后者的 5.7×10^5 倍。相对来讲，RNA 分子比 DNA 分子要小得多。由于 RNA 的功能是多样性的，RNA 的种类、大小和结构都较 DNA 多样化。一些病毒具有由双链 RNA 构成的基因组，而其他病毒具有单链 DNA 基因组，并且在某些情况下，可形成具有 3 个或 4 个链的核酸结构。不同的核酸种类决定了其提取方式有一定差异性。

三、核酸的理化性质

（一）一般物理性质

1. 溶解度

提纯的 DNA 为白色纤维状固体，RNA 为白色粉末。两者微（不）溶于水，其钠盐形式在水中的溶解度较大，可溶于 2-甲氧乙醇，但不溶于乙醇、乙醚和氯仿等一般有机溶剂。当乙醇的体积分数达 50% 时，DNA 就沉淀出来；当乙醇的体积分数达 75% 时，RNA 也沉淀出来。两种核酸的核蛋白在盐溶液中的溶解度不同，DNP 难溶于 0.14mol/L NaCl 溶液，但可溶于高浓度（1mol/L～2mol/L）NaCl 溶液，RNP 易溶于 0.14mol/L NaCl 溶液。常用不同浓度的盐溶液分离两种核蛋白。

2. 分子大小

DNA 分子极大，RNA 分子比 DNA 分子小得多。

3. 形状及黏度

核酸分子极为细长。DNA 溶液的黏度很大，即使是很稀的 DNA 溶液也有很大的黏度；RNA 溶液的黏度要小得多。很长的 DNA 分子又易于被机械力或超声波损伤，同时黏度下降。核酸有碱基对间的氢键、碱基的堆积作用和环境中的阳离子，其结构相当稳定。

（二）核酸的紫外吸收特性

嘌呤碱和嘧啶碱具有共轭双键，使碱基、核苷、核苷酸和核酸在 240nm～290nm 的紫外波段有一强烈的吸收峰，因此核酸具有紫外吸收特性，可用紫外分光光度计进行测定。DNA 钠盐在 260nm 附近有最大紫外吸收值，在 230nm 处为低紫外吸收值，吸光度（absorbance）以 A_{260}/A_{230} 表示，比值可判断样品的纯度，是核酸的重要性质。蛋白质的最大紫外吸收值在 280nm 处，以 A_{260}/A_{280} 来判断样品的纯度，纯 DNA 的 A_{260}/A_{280} 应为 1.8，纯 RNA 的 A_{260}/A_{280} 应为 2.0。样品中如含有杂蛋白及苯酚，A_{260}/A_{280} 比值会明显降低。RNA 钠盐的吸收曲线与 DNA 无明显区别，不同核苷酸有不同的吸收特性。

（三）核酸的沉降特性

溶液中的核酸分子在引力场中可以下沉。不同构象（线形、开环、超螺旋结构）的核酸、蛋白质及其他杂质沉降的速率差异很大，因此可根据相对分子质量和分子构象离心纯化核酸，或将不同构象的核酸进行分离。

（四）核酸的两性解离特性

核酸既含有呈酸性的磷酸基团，又含有呈弱碱性的碱基，是具有较强酸性的两性电解质，可发生两性解离，其解离状态随溶液的 pH 而改变。当核酸分子的酸性解离和碱性解离程度相等，所带的正电荷与负电荷相等，即成为两性离子，此时核酸溶液的 pH 就称为等电点（isoelectric point，简称 pI）。DNA 的 pI 为 4～4.5，RNA 的 pI 为 2～2.5，在等电点时溶解度最小，把 pH 调至等电点，可用电泳的方法使核酸从溶液中沉淀出来，电泳包括琼脂糖凝胶电泳和聚丙烯酰胺凝胶电泳。

（五）核酸的变性、复性

1. 变性

核酸双螺旋区氢键断裂，变成单链的无规则线团的过程称为核酸变性，此时核酸的某些光学性质和流体力学性质发生改变，有时部分或全部生物活性丧失，但不涉及共价键断裂。DNA 变性后，双螺旋解体，碱基不再堆积，藏于螺旋内部的碱基暴露出来，此时对 260nm 紫外的吸光率明显升高，这一现象称为增色效应。

DNA 变性具有爆发式的特点。当含有 DNA 分子的溶液被缓慢加热进行 DNA 变性时，在到达某温度时溶液的紫外吸收值会突然迅速增加，并在一个很窄的温度范围内达到最高值。紫外吸收值达到最大值的 50% 时的温度称为 DNA 的解链温度（T_m）。鸟嘌呤和胞嘧啶（GC）含量越高，核酸分子越大，T_m 值越大。

2. 复性

合适条件下变性 DNA 的两条互补链全部或部分恢复到天然双螺旋结构的现象称为复性。此时溶液的 A_{260} 值减小，称为减色效应。DNA 复性后，许多物化性质可得到恢复，生物活性也可以得到部分恢复。热变性 DNA 经缓慢冷却后复性的过程称为退火，骤然冷却时，DNA 不能复性，这种处理过程叫淬火。

3. 核酸分子杂交

根据变性和复性的原理，将不同来源的 DNA 变性，互补的核苷酸序列（DNA 与 DNA、DNA 与 RNA、RNA 与 RNA 等）在退火条件下形成稳定的同源或异源双链的过程称为核酸分子杂交。核酸分子杂交在分子生物学和分子遗传学的研究中应用极广，许多重大的分子遗传学问题都是用分子杂交来解决的。

（六）核酸的酸解、碱解与酶解

核酸在酸、碱和酶的作用下，发生共价键断裂，多核苷酸链被打断，相对分子质量变小，此过程称为降解。其中核酸酶分为内切核酸酶和外切核酸酶，对作用底物的性质表现出选择性或特异性，如脱氧核糖核酸酶和核糖核酸酶。

四、常见核酸提取方法及原理

（一）材料与方法的选择

核酸提取标本多种多样，常用于提取核酸的标本有血液、尿液、粪便、分泌物、病理组织，以及培养细胞、微生物菌落等。收集与准备材料是制备核酸的基础。

不同来源的样本其核酸提取方法不同。基因组核酸提取方法有：有机提取法、盐析法、氯化铯密度梯度离心法、硅材质技术、离子交换法、滤纸分析法等。RNA 的核酸提取方法包括酶消化法、有机溶剂提取法、强变性提取法、乙醇及氯化锂沉淀法、氯化铯及蔗糖密度梯度法、离子交换层析法、Oligo（dT）亲和层析法、分离 mRNA 法等。病毒的核酸提取方法有有机提取法、靶向捕获技术、硅材质技术等。

（二）核酸提取的基本步骤

核酸提取一般包括细胞裂解与酶处理，核酸的分离与纯化，核酸的浓缩、沉淀与洗涤等几个主要步骤。每一步骤又可由多种不同的方法单独或联合实现。

1. 细胞裂解与酶处理

核酸必须从细胞或其他生物物质中释放出来才能进行核酸分析。细胞裂解可通过机械作用、化学作用、酶作用等方法实现。

（1）细胞裂解方法

1）机械法，包括低渗裂解、超声裂解、微波裂解、冻融裂解和颗粒破碎等物理裂解方法。机械法又可分为液体剪切法与固体剪切法。机械剪切作用的主要危害对象是高相对分子质量的线性 DNA 分子，因此该类方法不适合于染色体 DNA 的分离与纯化。这些方法用机械力使细胞破碎，但机械力也可引起核酸链的断裂，因而不适用于高相对分子质量长链核酸的分离。

2）非机械法，可分为干燥法与溶胞法，目前，大多采用溶胞法。其中，采用适宜的化学试剂与酶裂解细胞的溶胞法因裂解效率高、方法温和、能保证较高的得率及能较好地保持核酸的完整性而得到了广泛的应用。化学作用：在一定 pH 环境和变性条件下，细胞破裂，蛋白质变性沉淀，核酸被释放到水相。上述变性条件可通过加热、加入表面活性剂［SDS（十二烷基硫酸钠）、Triton X-100 等］或强离子剂（异硫氰酸胍、盐酸胍、肌酸胍）而获得。而 pH 环境则由加入的强碱（氢氧化钠）或缓冲液（TE、STE 等）提供。在一定的 pH 环境下，表面活性剂或强离子剂可使细胞裂解、使蛋白质和多糖沉淀，缓冲液中的一些金属离子螯合剂［EDTA（乙二胺四乙酸）等］可螯合维持核酸酶活性所必需的金属离子 Mg^{2+}、Ca^{2+}，从而抑制核酸酶的活性，保护核酸不被降解。

（2）酶处理　在核酸提取过程中，加入适当的酶降解不需要的物质，以利于核酸的分离与纯化。主要是加入溶菌酶或蛋白酶（蛋白酶 K、植物蛋白酶或链霉蛋白酶）使细胞破裂、核酸释放。蛋白酶还能降解与核酸结合的蛋白质，促进核酸的分离。其中溶菌酶能催化细菌细胞壁的蛋白多糖 N-乙酰葡糖胺和 N-乙酰胞壁酸残基间的 β-(1，4) 键水解。蛋白酶 K 能催化水解多种多肽键，其在 65℃ 及有 EDTA、尿素（1mol/L ~ 4mol/L）和去污剂（0.5%SDS 或 1%Triton X-100）存在时仍保留酶活性，这有利于提高对高相对分子质量核酸的提取效率。

在实际工作中，酶作用、机械作用、化学作用经常联合使用。具体选择哪种或哪几种方法可根据细胞类型、待分离的核酸类型及后续试验目的来确定。

2. 核酸的分离与纯化

核酸分离与纯化的方法非常多，选择适宜的分离与纯化方法是提取核酸的首要问题。不同的试验研究与应用对核酸的产量、完整性、纯度和浓度有不同的要求，分离与纯化核酸还需要考虑所需的时间与成本。在不影响核酸质量的情况下，应选择安全无毒的试剂与方案。近年来，相关试剂盒的开发与自动化仪器的使用，可批量制备核酸样品，大大提高了分离与纯化的效率。

核酸的高电荷磷酸骨架使其比蛋白质、多糖、脂肪等其他生物大分子物质更具亲水性。根据它们理化性质的差异，用选择性沉淀、层析、密度梯度离心等方法可将核酸分离、纯化。

3. 核酸的浓缩、沉淀与洗涤

随着核酸提取试剂的逐步加入，以及去除污染物过程中核酸分子不可避免地丢失，样品中核酸的浓度会逐渐下降，如果影响到后面的试验操作或不能满足后继研究与应用的需要时，就应对核酸进行浓缩。沉淀是核酸浓缩常用的方法，其优点在于核酸沉淀后，可以很容易地改变溶解缓冲液和调整核酸溶液至所需浓度；另外，核酸沉淀还能去除部分杂质与某些盐离子，有一定的纯化作用。加入一定浓度的盐类后，用有机溶剂沉淀核酸。其中常用的盐类有乙酸钠、乙酸钾、乙酸铵、氯化钠、氯化钾及氯化镁等，常用的有机溶剂则有乙醇、异丙醇和聚乙二醇。核酸沉淀往往含有少量共沉淀的盐，应用体积分数为70%~75%的乙醇洗涤去除。对于浓度低并且体积较大的核酸样品，可在有机溶剂沉淀前，采用固体的聚乙二醇或丁醇对其进行浓缩处理。

（三）核酸提取纯化的原则和要求

核酸在细胞中总是与各种蛋白质结合在一起的。核酸的分离主要是指将核酸与蛋白质、多糖、脂肪等生物大分子物质分开。DNA 与 RNA 性质上的差异决定了两者的最适分离与纯化的条件不同。在分离核酸时应根据具体生物材料的性质与起始量、待分离核酸的性质与用途而采取不同的方案。一般要遵循以下原则和要求：

1）应保证核酸一级结构的完整性，因为完整的一级结构是核酸结构和功能研究的基本要求，并为下游试验做准备。

2）排除其他核酸分子的污染，保证核酸样品的纯度（提取 DNA 时排除 RNA 的干扰，反之亦然）。

3）核酸样品中没有对酶有抑制作用的有机溶剂和高浓度的金属离子。

4）将核酸样品中其他生物大分子如蛋白质、多糖和脂类分子的污染降到最低限度。

（四）核酸提取纯化的常见方法

核酸提取方式可分为手工提取和通量较高的自动化提取两类。

1. 煮沸裂解法

此法一般用于 DNA 的手工提取。染色体 DNA 比质粒 DNA 分子大很多，且染色体 DNA 为线状分子，而质粒 DNA 为共价闭合环状分子。当加热处理 DNA 溶液时，线状染色体 DNA 容易发生变性，共价闭合的质粒 DNA 在冷却时即恢复其天然构象。变性染色体 DNA 片段与变性蛋白质和细胞碎片结合形成沉淀，而复性的超螺旋质粒 DNA 分子则以溶解状态存在于液相中，从而可通过离心将两者分开。

煮沸裂解法的缺点是 DNA 得量少，纯度低，还可能会出现 DNA 断裂，一般适用于一些要求不高的试验。

2. 酚提取/沉淀法

酚-氯仿抽提法是核酸分离的一个经典方法。细胞裂解后离心分离含核酸的水相，加入等体积的酚-氯仿-异戊醇（体积比为 25∶24∶1）混合液。依据应用目的，两相经漩涡振荡混匀（适用于分离小相对分子质量核酸）或简单颠倒混匀（适用于分离高相对分子质量核酸）后离心分离。疏水性的蛋白质被分配至有机相，核酸则被留于上层水相。酚是一种有机溶剂，未饱和的酚会吸收水相而带走一部分核酸，应预先用 STE 缓冲液饱和。酚也易氧化发黄，引起核酸链中磷酸二酯键断裂或使核酸链交联，在制备酚饱和液时需要加入 8-羟基喹啉以防止酚氧化。氯仿可去除脂肪，使更多蛋白质变性，从而提高提取效率。异戊醇则可减少操作过程中产生的气泡。核酸盐可被一些有机溶剂沉淀，通过沉淀可浓缩核酸，改变核酸溶解缓冲液的种类，以及去除某些杂质分子。如在酚、氯仿抽提后用乙醇沉淀，在含核酸的水相中加入 pH 为 5.0～5.5，终浓度为 0.3mol/L 的乙酸钠或乙酸钾后，钠或钾离子会中和核酸磷酸骨架上的负电荷，在酸性环境中促进核酸的疏水复性；然后加入 2～2.5 倍体积的乙醇，经一定时间的孵育，可使核酸有效地沉淀。其他的一些有机溶剂（异丙醇、聚乙二醇等）和盐类（浓度为 10.0mol/L 的乙酸铵、浓度为 8.0mol/L 的氯化锂、氯化镁和低浓度的氯化锌等）也可用于核酸沉淀。不同的离子对一些酶有抑制作用或可影响核酸的沉淀和溶解，在实际使用时应予以选择。经离心收集，核酸沉淀用体积分数为 70% 的乙醇漂洗以除去多余的盐分，即可获得纯化的核酸。

酚-氯仿抽提法最大的优势是成本低，其对试验条件要求较低，提取的 DNA 能保持天然状态，获得的 DNA 纯度高、片段大、效果好，其缺点是操作较为烦琐。

3. 浓盐法

天然 DNA 以 DNP 形式存在于细胞核中。提取 DNA 应先把 DNP 抽提出来，再把核蛋白除去，再去除糖、RNA 及无机离子等，从而分离 DNA。高盐沉淀法是以酚-氯仿抽提法为基础，利用 DNP 和 RNP 在盐溶液中溶解度不同，将二者分离。DNP 在低盐溶液中几乎不溶解，在 0.14mol/L 的氯化钠溶液中溶解度最低，随着盐浓度的增加溶解度也增加，在 1mol/L 的氯化钠溶液中溶解度很大，比纯水高两倍。RNP 在 0.14mol/L 的氯化钠溶液中的溶解度较大。

4. 阴离子去污剂法

细胞中 DNA 与蛋白质之间常借静电引力或配位键结合，阴离子去污剂能够破坏这种价键，SDS 或二甲苯酸钠等去污剂可使蛋白质变性，所以阴离子去污剂可以直接从生物材料中提取 DNA。该法操作简单、温和，可提取较高相对分子质量 DNA，但所得产物含糖类杂质较多。

5. Trizol 法（异硫氰酸胍/苯酚法）

这是提取 RNA 的经典方法，在匀质化或溶解样品中，Trizol 试剂可保持 RNA 的完整性，同时又能破坏细胞及溶解细胞成分。加入氯仿离心后，裂解液分层成水相和有机相。RNA 存在于水相中，水相转移后，RNA 通过异丙醇沉淀回收。移去水相后，用乙醇可从中间相沉淀得到 DNA，加入异丙醇沉淀可从有机相得到蛋白质。

Trizol 法适用于普通的植物组织、动物组织、真菌和细菌等的 RNA 提取试验。

6. CTAB 法（植物 DNA 提取的经典方法）

CTAB（hexadecyl trimethyl ammonium bromide，十六烷基三甲基溴化铵）是一种阳离子去污剂，具有从低离子强度溶液中沉淀核酸与酸性多聚糖的特性。在高离子强度的溶液中（浓度大于 0.7mol/L 的氯化钠溶液），CTAB 与蛋白质和多聚糖形成复合物，只是不能沉淀核酸。通过有机溶剂抽提，去除蛋白质、多糖、酚类等杂质后加入乙醇沉淀即可使核酸分离出来。

7. 层析法

层析法是利用不同物质某些理化性质的差异而建立的分离分析方法，包括吸附层析、亲和层析、离子交换层析等方法，多用于离心柱纯化。在一定的离子环境下，核酸可被选择性地吸附到硅土、硅胶或玻璃表面，然后利用高盐低 pH 结合核酸、低盐高 pH 洗脱，来分离纯化核酸。另外，一些选择性吸附方法以经修饰或包被的磁珠作为固相载体，磁珠可通过磁场分离而无须离心，结合至固相载体的核酸可用低盐缓冲液或水洗脱。该法分离纯化核酸具有质量好、产量高、成本低、快速、简便、节省人力及易于实现自动化等优点。

离心柱法 DNA 提取试剂盒价格较低，操作相对简单，在市面上应用较为广泛。但是其具有样本需求量大、损失多，对于珍稀样本无能为力，同时不便于高通量、自动化操作等劣势。

8. 磁珠法

磁珠法采用纳米级磁珠微珠，利用磁性颗粒活性基团在一定条件下可与核酸结合和解离的原理，先使用细胞裂解液裂解细胞，带有活性基团的磁性颗粒可特异性吸附从细胞中游离出来的核酸分子，而样品中的其他干扰物则被很好地移除了，在磁场作用下，磁性颗粒与液体分开完成，最后回收颗粒（即磁珠-DNA 混合物），再用洗脱液洗脱即可得到纯净的 DNA，获得质量较高的核酸模板。磁珠法无须离心和加入多种试剂，操作简单，符合核酸自动化提取要求。但是其成本较高，科研端使用很难普及。

不同性质的磁珠微珠所对应的纯化原理是不一致的。表面标记了一种官能团硅磁的磁珠微珠，能同核酸发生吸附反应。离心磁珠是指磁珠微珠表面包裹了一层可发生离心交换的材料（如 DEAE、羧基等），从而达到吸附核酸的目的。使用羧化磁珠同样可以分离纯化质粒 DNA。该法在细胞裂解后，离心分离含质粒的水相，再加入羧化的磁粒，然后用 PEG/氯化钠沉淀，使目标 DNA 吸附至磁珠，最后磁场分离被吸附的 DNA，经乙醇洗涤，用 TE 洗脱，可获得高产量的适用于毛细管测序的模板 DNA。

五、核酸提取的注意事项

（一）防止物理因素的核酸降解

1）尽量简化操作步骤，缩短提取时间，以减少变性机会。

2）防止热变性，避免高温。一般温度为 0℃ ~ 4℃。

3）防止机械剪切作用，操作时应动作轻缓，搅拌温和，可以加山梨醇等增加渗透压。

（二）防止化学因素的核酸降解

1）避免强酸、强碱作用，控制抽提液 pH 保持在 4~10。

2）保持提取液一定的离子强度，以调节核酸的溶解度和保持二级结构的稳定性。

3）防止核酸酶的降解，一般通过加入酶的抑制剂、蛋白质的变性剂和去垢剂来实现。

4）加入金属离子螯合剂抑制 DNA 酶。

5）去垢剂及某些 RNase 抑制剂对 DNA 酶也有一定抑制作用。

6）防止 RNA 酶的降解：RNase 很难抑制 RNA 酶，且其无处不在，汗液、唾液中均有。RNA 酶很耐热，80℃ 处理 15min 不能灭活。提取 RNA 时，应注意带一次性手套、口罩。

7）器皿试剂经高压灭菌或用 DEPC（焦碳酸二乙酯）处理。但含有 Tris（三羟甲基氢基甲烷）的试剂不宜用，因 DEPC 可与胺类迅速发生化学反应。

8）尽早除去蛋白质（含 RNase），并加抑制剂。

（三）常用的抑制 RNase 活性的方法

1. 核糖核酸酶阻抑蛋白（RNasin，人胎盘中分离的一种蛋白）

优点：效果好，不干扰反转录或 mRNA 在无细胞体系中的翻译。

使用注意事项：置于含 5mmol/L 二硫苏糖醇（DDT）的 50% 甘油中，-20℃ 储存；最大活性的发挥要求有疏基试剂；冻融数次后应弃之不用；在变性裂解哺乳动物细胞提取 RNA 的初始步骤中不宜使用，在其后 RNA 纯化步骤中应用。用酚抽提可除去蛋白质抑制剂，故纯化过程中应补加。

2. 胍类

胍类常用的有盐酸胍和硫氰酸胍，在裂解组织的同时也使 RNA 酶失活，是蛋白质的强烈变性剂，能迅速溶解蛋白，导致细胞结构破碎，使 RNP 由于其二级结构的破坏而从核酸上解离下来，是目前最有效的 RNA 酶抑制剂。优点：既可破坏细胞结构使核酸从 RNP 中解离出来，又对 RNA 酶有强烈的变性作用。

3. 焦碳酸二乙酯（DEPC）

焦碳酸二乙酯是一种强烈但不彻底的 RNA 酶抑制剂，它通过和 RNA 酶的活性基因团组氨酸的咪唑环结合使蛋白质变性，从而抑制酶的活性。

4. 氧钒糖核苷复合物（vanadyl-ribinucleaside complex）

氧钒糖核苷复合物是由氧钒（Ⅳ）离子和四种核糖中的任意一种形成的复合物，是一种过渡态类似物，能与多种 RNase 结合，几乎能百分百抑制 RNA 酶的活性。缺点：强烈抑制 mRNA 在无细胞体系中的翻译。

5. 硅藻土

硅藻土是一种黏土，能吸附多种 RNA 酶。用缓冲液以 0.015% 的最终质量分数溶解细胞，这种黏土同它所吸附的 RNA 酶可在后续的 RNA 纯化过程中经离心除去。

6. 去垢剂

去垢剂主要分为阴离子型去垢剂、阳离子型去垢剂和非离子型去垢剂 3 类，近几年又出现了双性离子去垢剂。其作用为：①溶解膜与质膜；②使蛋白质变性与溶解；③对 RNase 和 DNase 有一定的抑制作用；④乳化剂去垢剂的效果和作用时间有关，一般以高浓度、短时间为好，因为这样核酸分解较少。常用阴离子去垢剂包括：SDS、LDS、sarkosyl（十二烷基肌氨酸钠）、DOC、4-氨基水杨酸钠、萘-1,5-二磺酸钠及三异丙基萘磺酸钠。

7. RNA 酶作用底物

加入小分子的 RNA 作为 RNA 酶的底物，可减轻对 RNA 的水解作用。

8. 多胺（polyamine）

多胺反应可逆，抑制不完全。

第二节　核酸提取的自动化

一、核酸提取自动化的发展

目前核酸提取方法有手工提取和自动化提取两种。手工提取所需的材料简单，但是往往结果误差相对较高，试验结果可重复性差。常规的核酸提取方法，如酚氯仿法、盐析法、硅固相吸附法等，在传统的手工提取核酸中发挥了重要的作用。随着科学技术的发展，尤其是分子生物学在临床医学中的广泛应用，以及近两年来全球新冠疫情的大暴发，导致基因诊断市场需求量急剧扩增，特别是新型冠状病毒（简称新冠）核酸检测的需求量急剧升高。全自动核酸提取设备通过模块化设计，整合核酸分离装置、自动化处理等模块，实现样本自动吸取、自动加样等操作。相比之下，传统的人工操作效率相对较低，已经不能满足市场的需求。在大趋势下全自动核酸提取系统将逐步代替人工操作。目前，国内、外多家厂商的核酸提取系统发展迅速，尤其是国内的相关设备发展迅猛。

二、核酸提取自动化系统的组成

核酸提取自动化系统主要包括运动控制模块、温度控制模块、人机交互模块等。

1）运动控制模块主要包括机械传动装置、磁分离装置，主要完成样本裂解、磁珠转移和磁珠洗脱等试验步骤。其中，机械传动装置主要是机械手臂，常见的有关节机械手臂、直角坐标机械手臂、球坐标系机械手臂、极坐标机械手臂等。常见的传动有带传动、齿轮传动、链传动、蜗杆传动、螺杆传动。根据系统最高速度需求和机械传动装置的力矩需求选择步进电动机。

2）温度控制模块主要包括温度调节控制装置和温度监控装置。该模块主要由固态继电器、电热膜、加热条、散热风扇、温度测量装置等组成。

3）人机交互模块主要包括触摸屏控制装置（部分设备为非触摸屏）、输入输出设备，通过不断优化人机界面的设计为用户提供良好的操作体验，并通过发送指令控制仪器进行自动化操作。随着计算机技术的不断升级发展，以及不断提高的人机交互体验要求，通过设计个性化的提取程序来实现自动化、智能化在核酸自动提取仪上的个性化使用。

三、核酸提取自动化的优点

传统的核酸手工提取技术占用大量的人工资源，操作烦琐、效率低，操作过程中极大可能会接触有毒试剂，造成实验室生物安全隐患，并且在长时间的高工作强度下容易造成因操作员操作失误导致的试验结果错误。

核酸自动化操作具有以下优点：

1）操作简便、快速。自动化核酸提取过程按照预先设定好的计算机程序进行运行，不需要专业背景知识即可操作，可以在样本中实现快速高效的提取核酸。

2）无污染、结果稳定。采用智能化、全封闭的操作系统，可以严格避免不同批次样本之间的污染及同一批次不同样本孔之间的污染，同时可以保证一致的提取效率、结果的稳定性和可重复性，避免人工操作引起的试验误差及人为污染。

3）核酸产物得率高、纯度高。现有的核酸自动提取多为磁珠法提取，磁珠和核酸的特异性结合使得提取的核酸纯度高、浓度大。

4）成本低廉、便于广泛应用。自动化提取试剂大规模生产可以降低提取试剂及相关耗材的成本。

5）可以处理多类型样本。针对不同类型的样本（包括血液、痰液、脑脊液、尿液、咽拭子等）设计针对性的提取程序，可以高效提升提取效率。

6）保证生物安全。整个核酸提取过程中处于封闭状态，在处理传染性样本、涉及有毒性试剂时，可以最大限度地保护工作人员的身体健康及工作环境的生物安全。

第三节　核酸提取仪的应用

核酸提取仪是应用配套的核酸提取试剂来自动完成样本核酸提取工作的仪器。对于生物分子相关的分离纯化工作，核酸提取仪是十分重要且必不可少的。但对多个样品进行纯化还是相当困难，不仅要选择合适的纯化技术，而且工作量较大，很难满足当前飞速发展的对高通量样品进行提取纯化的需求。

核酸在生物体内通常与蛋白质结合存在，核酸提取就是根据核酸和其他细胞组分理化性质的差别，将核酸从细胞中分离并纯化出来的过程。自从 1980 年第一台临床研究自动化样本处理装置投入使用以来，其快速、准确和重复可靠性强的工作能力大大提高了实验室工作效率，带来强大的高通量样本处理能力，同时也催生了实验室自动化的市场需求，带动了核酸提取技术的发展。

全自动核酸提取系统是一类应用配套的核酸提取试剂来自动化完成样本核酸快速提取过程的仪器。根据其提取方法的不同，可分为离心柱法核酸提取仪和磁珠法核酸提取仪。离心柱法核酸提取仪的实现原理是让核酸吸附到离心柱硅胶膜上，经过洗涤液去除杂质后，再从硅胶模上洗脱核酸。磁珠法核酸提取仪是将吸附在磁珠上的核酸通过磁分离装置提取出来。根据分离装置的不同，可进一步分为移液式和磁棒式。

一、核酸提取仪的主要特点

配合提取单个标本的独立分装试剂，在操作过程中只需要加入标本，仪器会自动完成提取纯化的全过程，而不需要再加入试剂。

（1）内置计算机　不需要连接个人计算机。

（2）单机操作　节省更多的空间与能源，提供高稳定度的自动化控制系统。

（3）自由编程　可自定义编程，满足不同试剂的要求。

（4）快速提取　操作时间短，30min/次～60min/次；适量较大，每次可同时提取 1 份～20 份样品。

（5）高纯度、高得率　可根据试剂优化提纯方案，实现更高的提取效率，提取的 DNA/RNA 纯度高，可以直接用于 PCR 和 RT-PCR（反转录聚合酶链反应）。

（6）结果稳定　避免人工操作引起的差异及错误，结果稳定，重复性好。

（7）试剂开放　可使用各种磁珠法提取试剂。

（8）无交叉污染　仪器部件未接触到生物学样本，避免交叉污染。

（9）安全性　封闭提取仓，使用一次性耗材，最大程度减少操作者与试剂的接触。

二、核酸提取仪的应用领域

自动核酸提取仪适合于基因组学的研究。可以提取样本的来源是微生物、动物、植物或病毒，全血基因组 DNA 提取试剂盒、白细胞层全血基因组提取试剂盒、动物组织/细胞基因组 DNA 提取试剂盒可以快速地纯化出足够数量和纯度的 DNA 或 RNA。核酸提取是分子诊断的上游步骤，因此自动化核酸提取仪的应用范围涵盖了分子诊断的几乎所有领域，包括病原微生物检测、肿瘤相关基因检测、常见遗传病检测、药物相关基因检测和无创产前诊断等，以及法医鉴定、食品卫生、农牧兽医等。

肿瘤基因突变检测对指导肿瘤靶向治疗、耐药监测和预后判断等具有重要意义。核酸检测可以对单个基因或者单个基因的部分外显子突变进行检测，也可以对多至上百个肿瘤相关基因、全外显子及全基因组进行检测。组织标本是临床上肿瘤基因突变检测的首选，由于肿瘤的异质性和动态变化，以及活检本身也增加肿瘤转移的风险，因此近年来临床上开始使用患者血浆中的循环肿瘤 DNA（circulating tumor DNA，ctDNA）进行肿瘤基因突变的检测，也称为液体活检，但目前 ctDNA 的临床有效性尚处在研究阶段。

个体化用药是个体化医学的重要组成部分。药物基因的遗传变异在很大程度上决定了用药的个体差异。目前，临床药物基因检测已被应用于指导患者制订最佳用药方案。由于目前具有临床意义的药物基因变异位点众多，因此核酸检测技术可以充分发挥其优势。临床药物基因检测的内容为药物在体内代谢、转运和作用的靶点基因的遗传变异情况及其表达水平变化。

由各种病原体引起的感染性疾病是临床面临的最常见疾病之一。近年来不断有新型病原体出现，如严重急性呼吸综合征病毒、禽流感病毒和新型冠状病毒等，及时准确的鉴定病原体，并采取有效措施控制疫情，是关乎公共卫生健康的重要问题。对于常规方法难以鉴定的疑难菌（如奴卡菌属和非结核分枝杆菌属），难以培养或者无法分离培养的少见菌属，还有病毒、支原体和衣原体，核酸检测乃至以核酸检测为基础的高通量测序技术将发挥重要作用。

第四节　核酸提取仪的选择和使用要求

自动核酸提取仪又叫核酸自动纯化仪，应用配套的核酸提取试剂自动完成样本核酸快速提取纯化，其原理是在一定的温度、振动等条件下，对样本进行裂解、提取和纯化。近年来，随着分子生物学技术的高速发展，以核酸杂交、核酸扩增和核酸序列分析为代表的分子诊断和检测技术在诸多领域中日益凸显出重要作用，新型分子生物学检测技术包括聚合酶链反应（PCR）、微芯片、高通量测序等，都需要面临如何从复杂多样的生物样本中迅速有效地分离和提取所需要的基因组核酸，而提取后的核酸质量及其完整性都会直接影响到后续的试验结果。

一、国内外核酸提取仪

目前国外很多知名分子诊断仪器厂商都有推出自主品牌的核酸提取设备，国外核酸提取设备的主流是移液式核酸提取仪，厂商主要集中在美国、德国和瑞士。国外厂商有多年的自动化仪器工业基础的积累，实验室自动化系统技术成熟，通过模块化设计，整合磁分离装置、自动液体处理等模块，可以完成液体吸取、移液的全自动化操作，从而实现核酸提取和制备的试验操作过程，比如罗氏、美国贝克曼库尔特有限公司、赛默飞世尔等。

相比于国外技术，国内技术则起步较晚，但近些年发展较快，我国在医疗器械方面的研究投入还是相当大的。国产核酸提取仪大部分是基于磁棒式全自动核酸提取仪，主要厂商包括：上海科华生物工程股份有限公司、厦门致善生物科技股份有限公司、厦门欧达科仪发展有限公司、西安天隆科技有限公司等。相对于移液式核酸提取仪，磁棒式核酸提取仪的优势在于每一步操作时液体不残留，不同型号通量通常有8、16、32、96。由于在提取过程中磁棒只需把磁珠颗粒转移到下一个步骤相应的反应孔中，因此该类型仪器成本低、易于操作、易维护、提取效率高。基于上述实现特点，磁棒式核酸提取仪需要根据仪器特点适配试剂，但其提取效果与移液式相当，是目前全自动核酸提取市场的主流。

市场上比较常见的几款核酸自动提取仪以及其相关的一些性能指标都列举在表1-1。相比较而言，国产核酸提取仪厂商主要依靠成本低、设备操作方便且不依赖于进口试剂的优势在国内市场占有一席之地。产品在自动化程度、精度、工艺质量、可靠性和稳定性方面与国外产品尚存在一定的差距。

表 1-1　多款国内外核酸提取仪性能指标

厂家	仪器型号	处理样品数	处理时间/min	特点	自动化程度
美国贝克曼库尔特有限公司	SPRI-TE	10	30	核酸产率高	全自动
美国贝克曼库尔特有限公司	Vidicra NsP	96	150	提取量大	全自动
雅培	m2000	96	180	样本体积大	全自动
罗氏	MagNA Pure 96	96	30	取样精确、核酸分液	全自动
赛默飞世尔	KingFisher Flex	96	15~30	高通量、快速度、小体积	全自动
西安天隆科技有限公司	NP968	32	15~40	高纯度、高通量、快速度	全自动
上海科华生物工程股份有限公司	DP-3000	96	60	高纯度、高效率	全自动
中元汇吉生物技术股份有限公司	EXM6000	96	15~45	高纯度	全自动
山东博弘基因科技有限公司	BNP96	96	5~10	提取速度快,结果稳定,操作简便	全自动
杭州博日科技股份有限公司	NPA-96T	96	30	高效率、精准控温、结果可靠安全、标准化	全自动
凯杰生物工程（深圳）有限公司	EZ2 Connect	32	30	高纯度、高精度	全自动
深圳华大智造科技股份有限公司	MGISP-NE384	96/192/288/384	20	最高通量、快速度	全自动
西安天隆科技有限公司	GeneRotex 96	96	30	高纯度、快速度、结果稳定,操作简便	全自动
上海之江生物科技股份有限公司	Autra9600 Plus	96	30	高通量、快速度	全自动
天根生化科技（北京）有限公司	TGuide S96	96	30	快速度,高纯度、可循环吸附	全自动

（续）

厂家	仪器型号	处理样品数	处理时间/min	特点	自动化程度
广州达安基因股份有限公司	Stream SP96	96	30	高纯度	全自动
江苏硕世生物科技股份有限公司	SSNP-9600A	96	30	高纯度	全自动
圣湘生物科技股份有限公司	Natch CS2-S-S13A	96	45	高通量、高精度、高效率、防污染	全自动
上海伯杰医疗科技股份有限公司	BG-Abot-96	96	45	操作简便、提取快速、结果可靠	全自动

二、核酸提取仪的选择

核酸提取仪的常见核心参数有：抽提原理、机械原理、抽提时间、样品处理量、样品管容量、Tip头处理量、Tip头数量、接口、仪器质量、仪器尺寸等。同时，在采购核酸提取仪时，除关注上述核心参数外，还需考虑以下因素：

1. 操作简单、上手好用

每次提取，操作者只需要做好安装工作、布置好孔板（提供提取所需要的试剂）。整个提取过程都不需要人为帮助，仪器自动完成，尽量配置中文界面，有利于学习仪器使用和编辑程序，减少新操作人员的错误操作，降低试验失败风险。

2. 高通量、快速、便捷

针对不同应用场景，能够一次性实现对尽可能多的样本的快速处理，可在短时间内完成提取工作，确保核酸提取的高效、快速、及时。

3. 安全环保、稳定无污染

操作过程中涉及的试剂盒及溶剂等，应尽可能地低核酸浓度且对人体无害。

4. 成本低、平台开放

基于成本考虑，在采购时，还应考虑试剂耗材的消耗及供应周期，可尽量选择适配不同规格耗材和不同厂家生产的提取试剂、兼容性高的仪器。

目前，核酸提取仪都朝着多功能、小型化发展，也都基本可以实现以下要求：①实现自动化、高通量操作；②操作简单、快速；③安全环保；④高纯度、高得率；⑤无污染且结果稳定；⑥成本低廉，便于广泛应用；⑦可以同时处理不同样本。

各种类型的核酸提取仪均有各自的优、劣势，没有一种提取方法能够适合任何实验室，实验室更应该根据自己的实际情况进行综合考虑，以最优的核酸提取方式，获得符合检测要求的核酸，更好地适用于各个领域的核酸检测。

三、核酸提取仪的常见误区

随着磁珠在基因检测领域的应用，越来越多的核酸自动提取装置被开发出来。因此，如何选择一款合适的自动核酸提取仪，就需要我们根据机器特点并结合实际需求进行认真选择。

1）磁珠使用得越多，提取效果越好。在提取效果不佳的时候，增加磁珠的用量，认为磁珠多加一点，就能吸上更多的核酸，这种想法是不可取的。有很多时候，在提取效果不佳的情况下，减少磁珠使用量，反而是提升提取效果的最优途径。通常情况下，磁珠法试剂盒给出的参考磁珠用量都是略微过量的，因此需要增加磁珠用量改善吸附效率的情况并不多，但如果确定是磁珠用量不足导致的提取效果不好，是可以在一定范围内通过增加磁珠用量来改善提取效果的。

2）试剂使用得越多，提取效果越好。对于磁珠法而言，每增加一部分液体体积，就减少了更多的磁珠碰撞概率，而降低磁珠碰撞概率，会导致吸附率的大幅度下降。单纯增加试剂使用量改善提取效果并不一定完全有效。

3）洗涤次数越多，提取效果越好。提取得到的核酸杂质过多时，使用者会考虑多进行几次洗涤，以得到更为纯净的核酸。增加洗涤次数确实有利于提纯核酸，但考虑到每次洗涤都会损失一定量的核酸，且增加了核酸断裂水解的可能性，所以一般来说洗涤次数控制在 2 次~4 次为宜。

4）样本取用得越多，提取效果越好。简单地增加样本取样量，有时会引入过多的杂质，超出裂解液裂解能力，也会使提取效率降低，所以并不推荐通过简单地增加样本取样量的方式来达到增加提取量的目的。如果确实是由于样本量不足而引起的提取量过低，建议在前处理中先进行富集或者浓缩步骤再开始提取。增加裂解的完全性，使更多的核酸暴露出来也是一种解决方法。

5）某一种磁珠好，就应该在所有试验中效果都好。很少有一种磁珠能适用于所有试验的情况，除了固定的试剂盒配合，多数情况下，磁珠和试剂体系都要做一定时间的配合调整。

6）和某种试剂盒对比效果不好，就是磁珠不好。客户在筛选磁珠过程中都是在已经成熟的试剂体系下，简单地等量替换磁珠，用于比较磁珠效果。这样就会很容易得出某种磁珠效果不好的结论，但实际上，由于不同磁珠适合的体系和用量是不同的，往往需要调整过后才能获得更好的提取效果。

四、试剂盒的选取

一般核酸提取仪的技术参数没有太特殊，主要是提取速度和提取效率，这和相应的配套试剂有关，如果试剂盒能够有自动开盖和分杯功能就更好。

生产核酸提取仪的厂家都能生产与机器配套使用的试剂盒，不同品牌的试剂盒提取步骤大致相同，提取时间和提取效率相差不大。而市场上生产手动核酸提取试剂盒的厂家众多，手动核酸提取法使用的每一种试剂盒的提取步骤和提取效率也千差万别，所以手动核酸提取法在提取核酸时也尽量选取操作步骤简便、提取效率高的商品化试剂盒。

核酸自动提取仪应和相应的试剂盒相结合，可以自动从血液、细胞、组织中分离纯化高纯度的核酸，且产物纯度高、一致性好，试验结果稳定，提取时间短，提取效率高，自动化程度高，还具有无交叉污染、操作程序可控等优势。此外，高效的设计和人性化的操作理念，使核酸提取工作更轻松、简便，从而能够节省大量的时间和精力。

五、核酸提取仪的使用

（一）使用要求

1. 对人员要求

首先，需持有当地卫健委组织的临床基因扩增检验试验室技术培训证书（PCR上岗证），一般各省都有临床检验中心培训及颁发上岗证。

另外，无论采用核酸提取仪还是手动核酸提取法，操作人员的因素对于检验结果都有一定影响，因此平时对于实验室技术人员要加强理论和实际操作培训，增强实验室核酸污染的认识，严格规范试验操作，逐步提高使用的熟练程度。提取前要对样品的信息进行详细了解，可以针对不同的样品灵活选择不同的提取方式。

2. 对设备要求

1）尽量选择与扩增试剂相匹配的提取仪或者根据设备选择适合的试剂。

2）选96孔全自动扩增。

3）加样针能自动检测液面高度。

4）做标本可实现从16人份到96人份随机选择。

5）加样无交叉污染。

6）试验结束后紫外灯消毒效果达标。

7）加样准确无误，加样成功率>98%。

8）24h死机少于1次。

（二）仪器设备使用步骤

严格按照说明书操作，一般为以下步骤运行：

加样本→加裂解/结合液→加蛋白酶K→加磁珠→吸附→清洗→洗脱→回收

1）仪器自检：接通电源，打开供电开关，启动软件，进行用户登录，仪器开始自检。

2）单击"关机"，确认后关闭供电开关：仪器使用完毕后，关闭程序，关闭计算机。等待30s，待计算机完全关闭后，切断电源。

3）Tip加载：将Tip板缺口朝向Tip架凸起（按照颜色对应放置），放稳卡紧。

4）八连管，预混试剂加载：把预混瓶脱帽放置于预混区。

5）提取试剂搅拌套加载：试剂使用前摇匀。

6）样品管载入：将样品管脱帽后依次载入样品架。

7）废料盒的应用：打开废料仓门，给废料盒套上医疗垃圾袋，压紧边框后放入废料区。

8）软件的使用：选择试验程序，输入样本数量，开始试验。

9）日常保养：进行紫外线消毒，用乙醇浸泡抹布消毒外壳屏幕，防灰尘进入仪器。

10）常见故障：扫描识别异常，查看报错信息，修改错误。样本异常，如果选择人工处理，则手动补加样本，继续试验；如果选择跳过，则仪器进行下一步，跳过此异常。使用过程中如有异响，应立即联系制造商。

（三）注意事项

1）核酸提取仪至少离其他竖直面10cm。

2）仪器的输入电源线必须接地以防止触电事故。

3）操作人员不可以擅自对仪器进行拆解，必须有持证的专业维修人员完成更换元件或进行机内调节等操作，当接通电源时，不要更换元件。

4）仪器的安装环境：相对湿度为10%～80%，畅通流入的空气温度为35℃或以下，正常的大气压（海拔应该低于3000m），温度为20℃～35℃，典型使用温度为25℃。

5）不要在如电暖炉等靠近热源的地方放置仪器，应当防止将水或者其他液体溅入电子元件中以避免短路。

6）进风口和排风口均在仪器背面的位置，同时防止在进风口聚集灰尘或纤维，风道保持畅通。

7）在系统的可靠性方面还需要完善，如无人看管的情况下要预防发生意外碰撞，提高系统的安全性能。

8）为了方便后期系统的维护，需要对整个系统进行不断的试运行，并在此过程中尽可能总结出可能出现的问题，并将所有的问题进行汇总，形成严格是维护流程。

配套系统中每个品牌各有优势，可以根据不同的试验目的选择不一样的仪器进行试验，为临床分子实验室对核酸提取仪的选择和评价提供参考和指导。

第二章　Chapter

核酸提取仪的质量管理

2

第一节　核酸提取仪的校准

一、核酸提取仪的校准方案及依据

核酸提取仪广泛应用在疾病控制中心、临床疾病诊断、输血安全、法医学鉴定、环境微生物检测、食品安全检测、畜牧业和分子生物学研究等多个领域。近年来，随着全国生物安全和生物防护的逐渐重视及升级，相关实验室核酸提取仪的应用量越来越大。

为了解决核酸提取仪的校准问题，提高试验数据的准确性、溯源性、公正性，满足各实验室对计量认证和实验室认可的需求，全国生物计量技术委员会组织制定了 JJF 1874—2020《（自动）核酸提取仪校准规范》，于 2020 年 11 月 26 日发布，2021 年 5 月 26 日实施。该标准可以作为核酸提取仪校准方案的依据。

该标准适用于全自动核酸提取仪和半自动核酸提取仪的校准，参考了以下标准：JJF 1059.1—2012《测量不确定度评定与表示》、JJF 1101—2019《环境试验设备温度、湿度参数校准规范》和 JJF 1527—2015《聚合酶链反应分析仪校准规范》。

参考《（自动）核酸提取仪校准规范》，结合实验室实际应用，核酸提取仪的校准方案如下：

1. 温度示值误差

温度点一般选择 55℃、65℃、90℃ 或者其他有实际需要的温度为校准点。使用温度测量装置，将温度传感器固定在提取仪的加热模块上，温度传感器均匀分布，保证温度传感器与加热模块贴合紧密。对于不同加热模块的提取仪，可根据实际情况均匀选取测温点，测温点数选取规则如下：提取仪孔位数为 48~96，测温点选 7 个；提取仪孔位数为 8~48，测温点选 5 个；提取仪孔位数为 8 及以下的，测温点选 3 个。

设定被校提取仪的校准温度，稳定 10min 或以上，待温度稳定后，读取各个测温点的温度值，温控工作区域内设定温度值与所有测温点温度传感器测量值的平均值之差为温度示值误差。

2. 温度均匀性

分别测试提取仪温度设定为 55℃、65℃、90℃（也可选择其他有实际需要的温度进行测试）时工作区域的温度均匀性。设定被校提取仪的校准温度，使用温度测量装置检测工作区域温度，所有测温点温度传感器测量值的最大值与最小值之差为温度均匀性。

3. 温度稳定性

测试提取仪温度设定为 65℃时加热区域的温度稳定性。待提取仪温度稳定后，测试时间为 10min，隔 1min 记录一次所有测温点温度传感器的测量平均值，这些平均值极差的一半加上±号来表示温度的稳定性。

4. 振动频率示值误差

校准振动频率点选取提取仪频率设定最大值的 20%（低）、50%（中）、80%（高）3 个点或者其他有实际需求的振动频率作为校准点，使用振动频率测量装置进行测量。设定待测频率值，分别测量低、中、高提取仪振动频率的示值，待仪器运行稳定 5min 后，每个频率测量 3 次，振动频率设定值与测量振动频率的平均值之差为振动频率示值误差。

5. 振动频率稳定性

测试提取仪振动频率设定为中等值时振动频率的稳定性。选取振动频率为设定最大值的 50%，待仪器运行稳定后，测试 10min，间隔 1min 记录一次振动频率，10min 之内测得的振动频率极差的一半加上±号表示振动频率的稳定性。

6. 取液量示值误差

分别设定提取仪取液量为 50μL、100μL、200μL，或者选择其他有实际需要的取液量作为校准点。选择一个通道，每个取液量测量 3 次，用电子天平称量所取液体质量，根据试验温度下水的密度，将所取液体的质量换算成体积，取液量设定值与取液量测量值的平均值之差为取液量示值误差。

7. 取液量重复性

测试取液量设定值为 100μL 时提取仪取液量的重复性。选择一个通道重复取液 7 次，用贝塞尔公式法计算相对标准偏差表示取液量的重复性。

8. 取液量一致性

测试取液量设定值为 100μL 时提取仪取液量的一致性。用提取仪的多通道取液器取液一次，所有通道取液体积的极差表示取液量的一致性。

9. 核酸提取回收率一致性

1）选择有证核酸标准物质，采用微量分光光度计测量其浓度，取 3 次测量的平均值作为核酸提取前的初始浓度。

2）用提取仪对有证核酸标准物质进行核酸提取。根据实际情况，参考"1. 温度示值误差"中的选点方式，均匀选取测量点进行一致性考察。

3）将每个孔中提取好的核酸样品溶液分别用微量分光光度计测量其浓度。

4）对比提取前后的核酸浓度，计算提取回收率。

测试核酸标准溶液提取回收率的一致性，按"1.温度示值误差"中的原则选取测试孔位，根据校准操作要求测量每个孔位提取后样品溶液中的核酸回收浓度，回收率的极差为核酸提取回收率一致性。

10. 核酸提取回收率重复性

按"1.温度示值误差"中的原则选取测试孔位进行核酸提取，把所有测试孔位提取后的样品溶液混合均匀，用微量分光光度计测量核酸浓度，计算核酸提取回收率作为一次测量结果，重复提取测量3次，用极差法计算标准偏差表示核酸提取回收率重复性。

11. 核酸提取回收率

把"9.核酸提取回收率一致性"得到的所有测试孔位提取后的样品溶液混合均匀，用微量分光光度计测量核酸浓度，重复测量3次，计算回收率的平均值作为核酸提取回收率。

12. 校准时间间隔

使用单位可以根据核酸提取仪的使用情况、使用者、提取仪本身质量等诸因素综合考虑决定校准时间间隔，一般建议复校时间间隔不超过1年。

二、核酸提取仪校准标准器的选择

（一）《（自动）核酸提取仪校准规范》

依据2020年11月国家市场监督管理总局发布的JJF 1874—2020《（自动）核酸提取仪校准规范》要求及核酸提取仪的原理，可知该设备是在一定温度、振动等条件下，对样本进行裂解、提取和纯化，因此该过程主要涉及的性能参数包括温度、振动频率、取液量等。校准设备包括温度测量装置、振动频率测量装置、电子天平，标准物质部分包括核酸标准物质及微量分光光度计。具体指标如下：

1. 温度测量装置

可至少同时测量7组温度数据，测量范围为0℃~120℃，最大允许误差为±0.3℃。温度测量装置主要用于温度示值误差、温度均匀性、温度稳定性的校准。

温度控制部分参照JJF 1101—2019《环境试验设备温度、湿度参数校准规范》及JJF 1527—2015《聚合酶链反应分析仪校准规范》，采用多个温度传感器在核酸提取仪的加热模块上均匀布点，在满足核酸提取仪的温度控制范围内，设定相应的校准温度点，通常核酸提取仪的温度控制范围不超过120℃，因此选择的温度测量装置测量范围应满足核酸提取仪的加热温度控制范围。

2. 振动频率测量装置

测量范围为0.1Hz~500Hz，0.1级或优于0.1级。振动频率测量装置主要用于振动频率示值误差、振动频率稳定性的校准。振荡系统部分，主要目的是振荡裂解，其影响核酸提取的效率，因此对核酸提取仪的校准振动频率是校准人员需要关注的主要参数。核酸提取仪部分功能基于离心的原理，依据离心类设备的校准方法，核酸提取仪的振动参数主要关注振动频率示值误差和振动频率的稳定性。

3. 电子天平

分度值为 0.1mg，最大称量值为 200g，满足①级要求，经过计量检定或校准。电子天平主要用于取液量示值误差、取液量重复性、取液量一致性的校准。

依据 JJF 1874—2020，核酸提取仪的取液量示值误差、取液量重复性、取液量一致性的校准方法是通过电子天平对取液的质量进行称量，并通过试验温度时水的密度来计算相关参数，因此电子天平作为该类参数的主要标准器具。

4. 核酸标准物质

采用有证标准物质，浓度≥1000ng/μL，相对扩展不确定度 U_{rel}≤5%（$k=2$）。

5. 微量分光光度计

经过校准或用有证标准物质进行标定。核酸提取回收率一致性、核酸提取回收率重复性及核酸提取回收率是通过核酸标准物质和微量分光光度计来进行校准的。这3个计量特性是通过核酸提取仪对有证核酸标准物质进行核酸提取后采用微量分光光度计测量其浓度，通过初始浓度和回收浓度的关系来计算结果，因此在此过程中，需要使用到有证的核酸标准物质及微量分光光度计。

（二）《全自动核酸提取与反应体系构建系统》

根据 2018 年 11 月陕西省质量技术监督局发布的 DB61/T 1205—2018《全自动核酸提取与反应体系构建系统》可知，全自动核酸提取仪的技术要求包括核酸提取温度控制、移液准确性及移液精密度，以及反应体系性能三部分要求。具体如下：

1. 温度控制

（1）升温速率　从 25℃升至 90℃，升温速率应不小于 2.0℃/s。

（2）温度均匀性　不同温度测试点，温度差值应不大于 2.5℃。

（3）温度准确度　测定值与设置温度差值绝对值应不大于 3℃。

（4）温度波动度　应不大于 2.0℃。

2. 移液准确性及移液精密度

移液准确性及移液精密度技术要求见表 2-1。

表 2-1　移液准确性及移液精密度技术要求

体积范围	<100μL	100μL~300μL	>300μL
相对偏差	≤8%	≤5%	≤3%
变异系数　CV	≤5%	≤3%	≤2%

注：变异系数是标准差与其平均数的比，都是反应数据离散程度的绝对值，其数据大小不仅受变量值离散程度的影响，而且还受变量值平均水平大小的影响。

3. 反应体系性能

（1）精密度　变异系数 CV 应不大于 3%。

（2）线性　各浓度样品检测结果 C_t 值与稀释倍数的线性相关系数 $r \geqslant 0.980$。

DB61/T 1205—2018《全自动核酸提取与反应体系构建系统》中的试验方法要求核酸提取温度设置范围为 25℃～110℃，电子天平的分度值应为 0.01mg，以及使用有证标准物质。

通过以上性能要求，JJF 1874—2020《（自动）核酸提取仪校准规范》中提到的标准器满足 DB61/T 1205—2018《全自动核酸提取与反应体系构建系统》的试验条件。

三、核酸提取仪温度校准

核酸提取仪是应用核酸提取试剂完成样本核酸提取的一类核酸提取纯化设备，其原理是在一定温度、振动等条件下，对样本进行裂解、提取和纯化。核酸提取仪由温控系统、振荡系统、取液系统和分离纯化系统全部或部分组成。核酸提取仪主要分为全自动核酸提取仪和半自动核酸提取仪两大类，无论哪种核酸提取仪，温度这一参数的准确与否，将直接影响到核酸提取效果的好坏，因此对核酸提取仪温度进行校准具有十分重要的意义。

（一）校准项目

核酸提取仪温度校准，主要校准项目包括：温度示值误差、温度均匀性、温度稳定性。

（二）校准条件

1. 环境条件

1）环境温度：10℃～30℃。

2）相对湿度：≤80%。

3）其他：仪器远离振动，无电磁干扰等。

2. 校准设备

校准所用设备为经过溯源且测量范围和精度等技术指标满足要求的温度测量装置。温度测量装置可至少同时测量 7 组温度数据，测量范围为 0℃～120℃，最大允许误差为 ±0.3℃。

（三）校准方法

1. 校准前准备

1）将核酸提取仪开机预热至稳定状态。

2）将温度测量装置开机预热至稳定状态。

2. 温度示值误差

将温度测量装置的温度传感器固定在提取仪的加热模块上，温度传感器均匀分布，保证温度传感器与加热模块贴合紧密。核酸提取仪专用温度校准装置及温度布点示意如图 2-1 和图 2-2 所示。

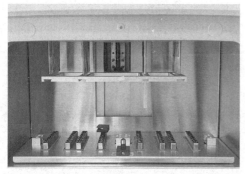

图 2-1　核酸提取仪专用温度校准装置

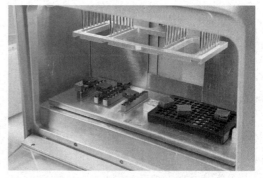

图 2-2　核酸提取仪温度布点示意

按照仪器说明书或用户要求设定被校核酸提取仪的校准温度，或者将其他有实际需要的温度作为校准点。稳定 10min 或以上，待温度稳定后，读取测温点的温度值。根据式（2-1）和式（2-2）计算温度示值误差。

$$\Delta \overline{T}_a = T_s - \overline{T} \tag{2-1}$$

$$\overline{T} = \frac{1}{n} \sum_{i=1}^{n} T_i \tag{2-2}$$

式中　$\Delta \overline{T}_a$——温控工作区域内的温度示值误差（℃）；

T_s——温控工作区域内的设定温度值（℃）；

$\overline{T}$——所有测温点温度传感器测量值的平均值（℃）；

T_i——第 i 个温度传感器测量值（℃）；

n——测温点数量。

3. 温度均匀性

将核酸提取仪温度设定为 55℃、65℃、90℃或者其他有实际需要的温度，用温度测量装置分别测量这些测温点的温度值，按照式（2-3）分别计算相应测温点的温度均匀性。

$$\Delta \overline{T}_u = T_{max} - T_{min} \tag{2-3}$$

式中　$\Delta \overline{T}_u$——温度均匀性（℃）；

T_{max}——所有测温点温度传感器测量值的最大值（℃）；

T_{min}——所有测温点温度传感器测量值的最小值（℃）。

4. 温度稳定性

将核酸提取仪温度设定为 65℃，待核酸提取仪温度稳定后开始测量。测量时长为 10min，每间隔 1min 记录一次所有测温点温度传感器测量的平均值，这些平均值极差的一半加上±号表示温度稳定性。根据式（2-4）计算温度的稳定性。

$$\Delta T_w = \pm \frac{1}{2} (\overline{T}_{max} - \overline{T}_{min}) \tag{2-4}$$

式中　ΔT_w——温度稳定性（℃）；

$\overline{T}_{max}$——所有测温点温度传感器测量平均值中的最大值（℃）；

$\overline{T}_{min}$——所有测温点温度传感器测量平均值中的最小值（℃）。

（四）温度校准的注意事项

1）校准所用温度测量装置需经过有效溯源。

2）校准过程中，温度测量装置的温度传感器和被校核酸提取仪加热模块要贴合紧密。

3）校准过程中，要等待所设温度稳定后，再进行测量。

4）如果核酸提取仪提取通道少于 3 个，则不做温度均匀性考察。

5）对于有些核酸提取仪全封闭运行的，则需要联系厂家工程师，配合开放测温、振动等程序进行相关参数的测量。

四、核酸提取仪振动频率检测

目前应用最为广泛的磁珠法自动核酸提取仪，包括磁棒法和移液法，一般包括裂解、吸附、多次洗涤和洗脱步骤，实现核酸提取和纯化。在裂解、洗涤和洗脱步骤中，均需要依靠自动核酸提取仪混合模块进行试剂混匀操作，混匀效果也同样会对核酸提取结果造成影响。自动核酸提取仪的裂解主要依靠物理裂解和化学裂解共同作用，化学裂解依赖于裂解液的化学反应将蛋白质等生物大分子和核酸分离开来；物理裂解主要依赖于混匀方式破坏细胞组织的保护膜，物理裂解效果与核酸提取仪的混匀速度有关。在洗涤和洗脱环节，混匀也同样会影响其效率，电动机需要带动磁棒对液体进行快速搅拌和混匀才能使得漂洗彻底。

自动核酸提取仪的频率控制主要包括振动幅度控制和振动速度控制，大部分自动核酸提取仪的振动幅度为固定幅度，在出厂时已经设置好不可更改，少部分可更改，如中科拜尔自动核酸提取仪的振动幅度可设置为 3.05mm ~ 8.14mm，振幅变化幅度为 0.565mm，分为 10 个级别。大部分核酸提取仪的振动速度均可以根据提取样品、提取试剂盒要求等进行设置。部分核酸提取仪频率设置为档位设置，不包含具体的振动频率数值，如博日 GenePure Pro 自动核酸提取仪可选择设置快速、中速、慢速混匀速度，科益元 ANDIS150 自动核酸提取仪可设置三档振荡混合模式（高、中、低）混匀。部分核酸提取仪可设置具体振动频率数值，但应注意的是，部分核酸提取仪在混合速度部分选取的数值并不对应频率数值，而是对应不同的速度档位，如百泰克 AU1001-96 自动核酸提取仪可设置混合速度为 1 ~ 5，1 最慢，5 最快，但不对应 1Hz ~ 5Hz，国科融智自动核酸提取仪可设置 7 种可调速度混合方式（1 ~ 7），同样不对应 1Hz ~ 7Hz。

（一）核酸提取仪的振动频率校准项目

根据核酸提取仪振动频率控制方式的不同，核酸提取仪振动频率校准项目包括振动频率示值误差和振动频率稳定性两个方面的内容。其中，无对应特定频率数值控制的核酸提取仪仅需要校准振动频率稳定性。

（二）振动频率校准

1. 振动频率校准装置

JJF 1874—2020《（自动）核酸提取仪校准规范》要求采用振动频率测量装置对自动核酸提取仪的频率示值误差和频率稳定性进行校准。适用于自动核酸提取仪的常用的振动频率校准装置包括转速表和振动频率测量装置两种，如图 2-3 和图 2-4 所示。

转速表测量范围：转速为 0r/min～99999r/min，频率为 0.0167Hz～1666.6Hz，精度为 ±0.04% 实测值 +2LSD（LSD 表示最低位数），经计量校准。转速表测量自动核酸提取仪振动频率采用的是激光法，需要将反光条贴在被校提取仪的振动模块靠近可视窗部位，对于可视窗为不透明或深色的自动核酸提取仪，不能采用此种方法进行测试。注意粘贴反光条时，要确认核酸提取仪的运动支架是否反光，将转速表的激光红点对应到反光条上，使运动支架运动，观测所采集到的转速数据对应为一次转速还是往复运动的两次，如果是两次，那么所测得的转速数据需要除以 2 为测得的转速值；如果是一次，则不需要。因转速表所读取到的转速单位为 r/min，应除以 60 即为振动频率（单位为 Hz）。确定反光条位置合理后，关闭可视窗，设置自动核酸提取仪的频率档位，起动设备开始测试。因为频率稳定性测试需要持续 10min 以上，所以需要确保转速表位置稳定不变。

图 2-3 转速表

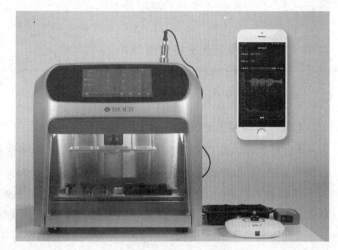

图 2-4 振动频率测量装置

振动频率测量装置，测量范围：频率为 0.3Hz～500Hz，准确度等级为 0.1 级，经计量校准。采用振动频率校准装置测量自动核酸提取仪振动频率采用的振动传感器法，需要将测量端吸附于被测设备上，如果被测核酸提取仪为金属外壳，则将测量端直立吸附于核酸提取仪顶部；如果为非金属外壳，则可将测量端用双面胶固定于核酸提取仪顶部，也可吸附或固定于核酸提取仪所在桌面上，或者将振动传感器直接固定于提取仪内部的振动模块上。固定好测量端后，连接软件，设置频率档位并启动，即可进行振动频率校准。

2. 振动频率示值误差检测

此项检测只对能设定具体振动频率数值的仪器开展，如果仪器只有高、中、低档设置而没有具体数值，那么此项可以不做。

考查低、中、高振动频率情况下的仪器振动频率的示值误差，用振动频率测量仪分别测量核酸提取仪频率设定最大值的 20%、50%、80% 3 个点的振动频率；待核酸提取仪开机稳定 5min 后，对每个频率点重复测量 3 次，根据式（2-5）和式（2-6）分别计算低、中、高 3 个振动频率点的示值误差。

$$\Delta F_n = F_m - F_s \tag{2-5}$$

$$F_s = (F_1 + F_2 + F_3)/3 \tag{2-6}$$

式中　　ΔF_n——振动频率示值误差（Hz）；

$\quad\quad F_m$——振动频率设定值（Hz）；

$\quad\quad F_s$——3 次测量振动频率的平均值（Hz）。

3. 振动频率稳定性

考查中等振动频率情况下的仪器振动频率的稳定性。选取振动频率为设定最大值的 50% 为测量点，待提取仪振动稳定后，测量时间为 10min，每隔 1min 测量一次振动频率，以 10min 之内检测到的振动频率极差的一半加上 ± 号表示振动频率的稳定性。根据式（2-7）计算振动频率的稳定性。

$$\Delta F_w = \pm(F_{max} - F_{min})/2 \tag{2-7}$$

式中　　ΔF_w——振动频率稳定性（Hz）；

$\quad\quad F_{max}$——10 次振动频率测量最大值（Hz）；

$\quad\quad F_{min}$——10 次振动频率测量最小值（Hz）。

（三）振动频率检测的符合性判定

1）符合性判定说明。振动频率质量控制（简称质控）检测是定期考查仪器的运行情况，考查周期较短，一般视使用频率定为 1 个 ~3 个月不等；与仪器校准周期不同，仪器校准周期一般为 12 个月一次。因此，振动频率质控检测不做检测结果的不确定度评定，只需要考查其是否位于仪器的最大允许误差之内，即可判定其符合性。

2）振动频率的示值误差为 ±5%，振动频率稳定性在 5% 以内。

3）引用（参考）文件：JJF 1874—2020《（自动）核酸提取仪校准规范》。

五、核酸提取仪取液准确性校准

无论哪种核酸提取仪，取液的准确与否，将直接影响到核酸提取效果的好坏。因此，对核酸提取仪取液准确性进行校准，具有十分重要的意义。

（一）校准项目

核酸提取仪取液准确性校准，主要校准项目包括：取液量示值误差、取液量重复性、取液量一致性。

（二）校准条件

1. 环境条件

1）环境温度：10℃～30℃。

2）相对湿度：≤80%。

3）其他：仪器远离振动，无电磁干扰等。

2. 校准设备

校准所用设备为经过计量检定或校准的电子天平。电子天平的分度值为 0.1mg，最大称量值为 200g，满足① 级要求。

（三）校准方法

1. 校准前准备

1）将核酸提取仪开机预热至稳定状态。

2）将电子天平开机预热至稳定状态。

3）将超纯水作为被取液备好待用。

4）将量杯或量筒等作为液体收集容器备好待用。

2. 取液量示值误差校准

选择核酸提取仪其中一个通道，以超纯水作为被取液进行取液量示值误差校准。校准时，按照仪器说明书分别设定被校核酸提取仪的取液量，取液量一般设定为 50μL、100μL、200μL 或者其他有实际需要的取液量作为校准点。设定好取液量校准点后，运行核酸提取仪进行取液操作，用电子天平称量核酸提取仪所取液体质量，每个取液量测量 3 次。然后根据相应试验温度时水的密度，将核酸提取仪所取液体质量（即天平所称量得到的液体质量）换算成体积，根据式（2-8）和式（2-9）计算取液量示值误差。

$$\Delta \overline{V}_a = V_s - \overline{V} \tag{2-8}$$

$$\overline{V} = \frac{1}{n} \sum_{i=1}^{n} V_i \tag{2-9}$$

式中　$\Delta \overline{V}_a$——取液量示值误差（μL）；

　　　V_s——取液量设定值（μL）；

　　　$\overline{V}$——n 次取液量测量值的平均值（μL）；

　　　V_i——第 i 次取液量测量值（μL）；

　　　n——测量次数。

3. 取液量重复性

取液量重复性校准在取液量设定值为 100μL 时进行。首先将核酸提取仪取液量设定为 100μL，选择一个通道，以超纯水作为被取液，运行仪器进行取液操作，用电子天平称量核酸提取仪所取液体质量，在该通道下重复取液七次。然后根据相应试验温度时水的密度，将核酸提取仪所取液体质量（即天平所称量得到的液体质量）换算成体积，根据式（2-10）计算取液量重复性。

$$RSD = \sqrt{\frac{\sum\limits_{i=1}^{n}(V_i - \overline{V})^2}{n-1}} \frac{1}{\overline{V}} \times 100\% \qquad (2\text{-}10)$$

式中　RSD——相对标准偏差（%）。

4. 取液量一致性

取液量重复性校准在取液量设定值为 $100\mu L$ 时进行。首先将核酸提取仪取液量设定为 $100\mu L$，以超纯水作为被取液，用核酸提取仪的多通道取液一次，然后用电子天平分别称量各通道取液的质量，根据相应试验温度时水的密度，将核酸提取仪所取液体质量（即天平所称量得到的液体质量）换算成体积，根据式（2-11）计算取液量一致性。

$$\Delta V_u = V_{max} - V_{min} \qquad (2\text{-}11)$$

式中　ΔV_u——取液量一致性（μL）；

　　　V_{max}——所有通道取液量的最大值（μL）；

　　　V_{min}——所有通道取液量的最小值（μL）。

（四）复校时间间隔

复校时间间隔的长短由核酸提取仪的使用情况和核酸提取仪本身质量等因素决定，但建议复校时间间隔不超过 1 年。

（五）取液准确性校准的注意事项

1）校准所用电子天平需经过有效溯源，且满足相应要求。

2）校准过程中，由于是以超纯水作为被取液，根据相应试验温度时水的密度，以天平所称量得到的液体质量换算得到体积，故对试验温度应进行准确测量，才能得到水的密度的准确值，进而得到准确的体积值。

3）查询"纯水密度表"可得到不同温度时纯水的密度值。

4）校准过程中，试验温度应保持相对恒定，避免温度的剧烈波动。

5）校准过程中，天平的使用应准确规范，尽量减少由于称量不准导致的结果错误。

6）可以根据实际需要，参照取液量重复性的校准方法，进行不同取液量设定值下的取液量重复性考察。

7）预先将取液管做好标记并称量，记录质量，再进行核酸提取仪的取液工作，最后再次进行称量，并进行相应的计算。

8）当核酸提取仪提取通道少于 3 个时，则不做取液量一致性考察。

六、核酸提取仪回收率检测

（一）核酸提取仪回收率的定义

核酸提取仪提取效率的一个非常重要的评价指标就是核酸提取仪回收率。核酸提取仪回收率越高，表明核酸提取的效率越好；核酸提取仪回收率低，表明核酸提取的效率不好，可能与提取核酸的纯度和浓度有关，需要分别对提取的核酸纯度及浓度进行检测后，判断原因来做核酸纯化或重新提取。通常使用紫外分光光度计来对核酸的浓度（A_{260}）和纯度（A_{260}/A_{280}）进行检测，纯度较高的 DNA 的 A_{260}/A_{280} 通常大于 1.8，纯度较高的 RNA 的 A_{260}/A_{280} 通常大于 1.9。

在核酸提取仪回收率的计算中，一般采用核酸标准物质的初始浓度和重复测量 3 次提取的核酸浓度的平均值来对回收率进行评价。核酸提取仪回收率按式（2-12）计算。

$$R = \lambda \frac{\overline{C}}{C_0} \times 100\% \tag{2-12}$$

$$\overline{C} = \frac{1}{n} \sum_{i=1}^{n} C_i$$

式中　R——核酸提取回收率（%）；

$\overline{C}$——n 次测量核酸浓度的平均值（ng/μL）；

C_0——初始核酸浓度（ng/μL）；

λ——提取后的总体积和提取前加入标准物质的体积比值；

C_i——第 i 次测量浓度。

（二）核酸提取仪回收率的一致性

核酸提取仪回收率还应当考虑不同的提取通道间的一致性，这样保证同一批提取的核酸样品的质量不会差距太大。核酸提取仪回收率的一致性检测需要选择有证核酸标准物质，采用分光光度计测量核酸提取前的有证核酸标准物质的初始浓度和提取好后的样品浓度，计算回收率。

要测试核酸标准溶液提取回收率的一致性，按照温度示值误差检测的原则选取测试孔位，即提取仪孔位数为 48~96，选取 7 个点；提取仪孔位数为 8~48，选取 5 个点；提取仪孔位数为 8 及以下的，选取 3 个点。测量每个孔位提取后样品溶液中的核酸回收浓度。按式（2-13）计算核酸回收浓度最大差值，按式（2-14）计算回收率一致性。

$$\Delta C_u = \lambda (C_{max} - C_{min}) \tag{2-13}$$

$$\lambda = \frac{V_c}{V_0}$$

$$\Delta R_u = \frac{\Delta C_u}{C_0} \times 100\% \tag{2-14}$$

式中　ΔC_u——核酸回收浓度最大差值（ng/μL）；

C_{max}——所有核酸回收浓度测量值的最大值（ng/μL）；

C_{min}——所有核酸回收浓度测量值的最小值（ng/μL）；

λ——提取后的总体积和提取前加入标准物质的体积比值；

V_c——提取后的总体积（μL）；

V_0——提取前加入标准物质的体积（μL）；

C_0——初始浓度（ng/μL）；

ΔR_u——回收率一致性（%）。

注：若提取仪提取通道少于 3 个，则不做一致性考察。

（三）核酸提取仪回收率的重复性

对核酸提取回收率的重复性进行计量，是为了保证不同批次的核酸样品提取的质量稳定性。核酸提取的质量，主要以最终核酸提取的结果即回收率作为考核的指标，重复提取 3 次后，可按式（2-15）计算相对标准偏差。

$$RSD = \frac{R_{max} - R_{min}}{C_n} \frac{1}{\overline{R}} \times 100\% \tag{2-15}$$

式中 RSD——相对标准偏差（%）；

R_{max}——n 次回收率测量值中的最大值（%）；

R_{min}——n 次回收率测量值中的最小值（%）；

$\overline{R}$——n 次回收率的平均值（%）；

C_n——极差系数，$n=3$ 时，$C_n=1.69$。

（四）核酸提取仪回收率检测注意事项

1. 校准仪器的主要性能参数和基本结构

微量分光光度计或超微量分光光度计是对微量样品进行检测的紫外可见光分光光度计的统称，通常该类仪器的检测仅需几微升的上样量，微量分光光度计的结构和分光光度计的结构类似，都是由光源、样品池、单色器和检测器构成。微量分光光度计可以检测核酸、蛋白质和细菌等生物样品。分光光度计的检测原理如图 2-5 所示。

微量分光光度计在进行测量之前需要计量校准，以保证所检测的结果真实可信。有的微量分光光度计为了能够对微量检测平台的结果进行进一步验证，还会整合比色皿平台，方便操作，注意此时应对比色皿平台进行计量。梅特勒 UV5Nano 微量分光光度计如图 2-6 所示。

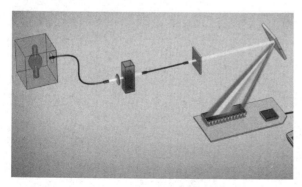

图 2-5　分光光度计的检测原理

图 2-6　梅特勒 UV5Nano 微量分光光度计

2. 核酸提取仪回收率检测中需要注意的事项

1）校准时应采用有证标准物质，浓度 $\geq 1000\text{ng}/\mu\text{L}$，相对扩展不确定度 $U_{sel} \leq 5\%$（$k=2$）；使用微量分光光度计测量其浓度，取 3 次测量的平均值作为核酸提取前的初始浓度。标准物质的浓度及引入的标准不确定度应由标准物质证书得到。

2）根据规程中的体积计算公式，提取前加入标准物质的体积（V_0）可以根据标准物质浓度、核酸提取仪性能和客户的实际试验需求来确定。提取后的总体积（V_c）有两种确定方法。一种是试剂盒的说明书规定的预先加入的洗脱液体积。这种方法的优点是避免了将提纯后的洗脱液吸取、称量，以及避免了人员的操作水平等因素引起的体积损失；缺点是无法计算出在一定洗脱温度和洗脱时间引起的体积损失；另一种是取出洗脱后的溶液，通过称量来确定提取后的对应体积，其优点是可以有效避免由于洗脱时间和洗脱温度引起的体积损失，缺点是无法确定由于取液、人员操作水平及称重等因素引起的体积损失。检测人员可以根据实际情况来选取其中的一种方法。

3）根据有证标准物质的性质、类别等，选择相配套的提取试剂盒及提取方法，这样可以很大部分解决提取回收率过低或者回收率不稳定的问题。

4）检测应根据不同试验的需求和提取出的核酸类型，如 dsDNA（双链 DNA）、ssDNA（单链 DNA）、RNA，选择不同类型的核酸的消光系数，这里给出常见的核酸的消光系数（见表 2-2），以及吸光度为 1A 时所对应的不同类型的核酸的浓度，如果检测的核酸消光系数和表 2-2 中的不一致，需要选择用户定义，对核酸系数进行修改。

表 2-2 用于测定各种核酸浓度和消光系数的公式

样品	浓度	1A 等于	消光系数 ε_{260} $/(\mu\text{g}/\text{mL})^{-1} \cdot \text{cm}^{-1}$
dsDNA	$c = \dfrac{A_{260}}{0.02 \times d}$	$50\mu\text{g}/\text{mL}$	0.02
ssDNA	$c = \dfrac{A_{260}}{0.027 \times d}$	$37\mu\text{g}/\text{mL}$	0.027
ssDNA Oligo	$c = \dfrac{A_{260}}{0.03 \times d}$	$33\mu\text{g}/\text{mL}$	0.03
RNA	$c = \dfrac{A_{260}}{0.025 \times d}$	$40\mu\text{g}/\text{mL}$	0.025

5）样品的加样体积一般选择 $2\mu\text{L} \sim 3\mu\text{L}$，将微量移液器的吸头放在石英测量窗口的中心，缓慢平稳地滴下样品，形成理想的液滴，对于黏性样品，最好使用外置活塞式移液器。如果移液器外部吸附过量样品，那么应擦拭移液器吸头。应避免划伤石英平台和反射镜。如果

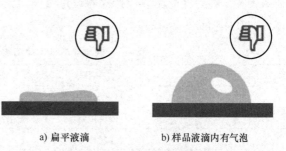

a) 扁平液滴　　　　b) 样品液滴内有气泡

图 2-7 不同液滴的形态

液滴连续散开，那么应更换吸头。吸液过程中不要吸取过少或过多样品。如果样品液滴变扁（见图 2-7a）或样品液滴内有气泡（见图 2-7b），则弃用。在合拢超微量机械臂时，不要让超微量机械臂骤落在平台上。

6）在进行完检测后，需要对分光光度计进行关机和清洁操作。建议测量核酸时，2 次~3 次测量后用超纯水对平台上、下进行清洗，并用无尘纸擦干，这样会让测量结果的准确度及重复性更好，不容易受到上一次测试样品的干扰。

第二节 核酸提取仪的性能验证

一、性能验证、验证方案的制定及依据

（一）什么是性能验证

性能是机械、器材、物品等所具有的性质和功能。性能验证是采用合适的方法或方案对被测对象的功能及品质进行核实检测，进而了解被测对象所具有的性质及功能是否符合实用要求或产品本身所示参数的要求。根据验证对象的不同，有试剂性能验证、仪器性能验证及系统计算性能验证等。仪器性能验证可以由仪器计量、仪器期间核查等环节组成，也可以是我们熟知的 3Q［IQ（安装确认）、OQ（运行确认）、PQ（性能确认）］认证中的 PQ 认证，确认仪器载样运行下是否符合标准规定。

（二）性能验证方案的制定

验证方案的制定，主要是介绍验证方案的项目，至于项目的具体介绍及实施方案，本节不展开讲述。验证方案参考的依据可以是国家规范或国家标准，也可以是行业标准或者是企业根据自身要求制定的作业指导书等。本节提供的验证方案的项目参考了 JJF 1874—2020《（自动）核酸提取仪校准规范》、DB61/T 1205—2018《全自动核酸提取与反应体系构建系统》、JJG 646—2006《移液器检定规程》、JJF 1752—2019《全自动封闭型发光免疫分析仪校准规范》以及企业实际使用要求等，本验证方案目录只是提供了参考，实际方案可根据仪器本身的功能及要求进行验证项目的增减。

核酸提取仪的性能验证可分为仪器本身的物理性能验证和提取产物的综合性能验证两大类。物理性能验证包括仪器设定温度、仪器设定振动、仪器取液和核酸吸附载体等，具体项目见表 2-3。

表 2-3 核酸提取仪本身的物理性能验证目录

序号	项目	参考指标
1	温度示值误差	≤3℃
2	温度均匀性	≤2.5℃
3	温度稳定性	≤2℃
4	振动频率示值误差	±10%

（续）

序号	项目	参考指标
5	振动频率稳定性	±5%
6	取液量示值误差	取液量<100μL 时 ≤8% 取液量为 100μL～300μL 时 ≤5% 取液量>300μL 时 ≤3%
7	取液量重复性	取液量<100μL 时 ≤5% 取液量为 100μL～300μL 时 ≤3% 取液量>300μL 时 ≤2%
8	取液量均匀性	≤5%
9	磁柱或柱膜吸附量	—

核酸提取仪提取产物的综合性能验证包括提取产物质量和样品污染控制等，可结合凝胶电泳仪、微量分光光度计或者定量 PCR 仪分析其纯度、浓度及完整度指标。具体项目见表 2-4。

表 2-4　核酸提取仪提取产物的综合性能验证目录

序号	项目	参考指标
1	提取产物的纯度	DNA：$1.7 < OD_{260}/OD_{280} < 1.9$ RNA：$1.7 < OD_{260}/OD_{280} < 2.0$
2	提取产物的回收率	≥50%
3	提取均匀性	≤10%
4	携带污染率	阴性样本检测结果为阳性的占比为 0

二、仪器性能验证内容

国家相关管理部门和医学实验室质量认可均对仪器性能验证做出了相应的要求。以新型冠状病毒核酸检测为例，国家卫生健康委员会发布的《医疗机构新型冠状病毒核酸检测工作手册（试行第二版）》要求各医疗机构应当加强核酸检测质量控制。实验室应对检测体系进行必要的性能验证，性能指标包括但不限于精密度和最低检测限。

但是，目前公立医院和第三方的医学检验实验室对分子诊断项目涉及的核酸提取仪大多只进行定期校准，不进行单独的性能验证，仅基于实验室现有的加样、提取和扩增平台对项目试剂进行系统性能验证。但也有实验室在项目试剂性能验证的基础上，对提取仪的提取效率和携带污染率等进行单独的验证，以进一步保证试验系统的稳定性和可靠性。

本节参照 JJF 1874—2020《（自动）核酸提取仪校准规范》，结合目前国内部分省市临床检验中心和医学实验室的关于核酸提取仪性能验证的临床实践和有益探索，以全自动核酸提取仪为例，简要介绍核酸提取仪性能验证可能包含的几个方面，供医学实验室参考。

1. 一般参数

仪器性能参数是性能验证的基础，在对仪器进行性能验证之前需要对仪器的型号、样本通量、加样针、提取方法、加样精密度、混匀模式和是否是原始管上机等参数进行系统了解（见表2-5）。以此为基础，采用适合的方法进行后续项目的性能验证。

表 2-5 核酸提取仪一般参数比较

仪器型号	Pre-NAT	Cobas AmliPrep	TIB-Auto	MagX	Autrax	Natchs	HBNP-4801A
样本通量	96	24	192	48	192	96	32
加样针	4通道	单通道	—	穿刺取样	8	1个~4个加样通道	2
提取方法	磁珠法	磁珠法	磁珠法	磁珠法	磁珠法	磁珠法	磁珠法
加样精密度CV	10μL:2.36% 200μL:0.40% 800μL:0.16%	—	10μL:≤1% 100μL:≤0.75% 1000μL:≤0.75%	50μL:≤3%	5μL:≤4% 50μL:0.75% 200μL:0.05% 500μL:0.05% 1000μL:0.05%	1μL:≤4.0% 50μL:≤0.4%	手动加样
混匀模式	磁棒旋转	吹打旋转	—	吸头内吹打	振动混匀	全向液体漩涡混匀	磁棒振动混匀
原始管上机	是	是	是	是	是	是	无

2. 振动频率的验证

（1）振动稳定性验证　测试提取仪振动频率设定为中等值时振动频率的稳定性。方法：选取振动频率为设定最大值的50%，待提取仪振动稳定后，测试10min，隔1min记一次振动频率，10min之内测得的振动频率极差的一半加上±号表示振动频率的稳定性。根据式（2-16）计算振动频率的稳定性。振动频率稳定性原始记录表见表2-6。

$$\Delta F_{\mathrm{w}} = \pm \frac{1}{2}(F_{\max} - F_{\min}) \tag{2-16}$$

式中　ΔF_{w}——振动频率稳定性（Hz）；

$F_{\max}$——振动频率测量值的最大值（Hz）；

$F_{\min}$——振动频率测量值的最小值（Hz）。

表 2-6 振动频率稳定性原始记录表（例）

振动频率	F/Hz											ΔF_{w}/Hz
	0min	1min	2min	3min	4min	5min	6min	7min	8min	9min	10min	
中												

（2）振动频率示值误差　提取仪若有振动频率具体数值，则可通过振动频率示值误差进行验证。方法：选取提取仪频率设定最大值的20%（低）、50%（中）、80%（高）3个点或者其他有实际需求的振动频率作为校准点。使用振动频率测量装置进行

测量。待提取仪稳定 5min 后，设定待测频率值，分别测量低、中、高提取仪振动频率的示值，每个频率测量 3 次，根据式（2-17）计算振动频率的示值误差。振动频率示值误差原始记录表见表 2-7。

$$\Delta \overline{F}_a = F_s - \overline{F} \tag{2-17}$$

$$\overline{F} = \frac{1}{n} \sum_{i=1}^{n} F_i$$

式中　$\Delta \overline{F}_a$——振动频率示值误差（Hz）；

F_s——振动频率设定值（Hz）；

$\overline{F}$——n 次测量振动频率的平均值（Hz）；

F_i——第 i 次振动频率测量值（Hz）；

n——测量次数。

注：若提取仪振动频率没有具体数值，则此项可以不做。

表 2-7　振动频率示值误差原始记录表（例）

振动频率	F_s/Hz	F_i/Hz			$\overline{F}$/Hz	$\Delta \overline{F}_a$/Hz
		1	2	3		
低						
中						
高						

3. 移液精度

移液精度是指提取仪移液装置的准确性和重复性，其关乎试验的稳定性。一般标准为移液标准差和相对标准偏差均<5%。方法：测试取液量设定值为 100μL 时提取仪取液量的准确性和重复性。选择一个通道重复取液 7 次，用电子天平称量所取液体质量，根据试验温度时水的密度，将所取液体的质量换算成体积，根据式（2-18）和式（2-19）计算不同取液量的标准偏差和相对标准偏差。取液量重复性原始记录表见表 2-8。

$$SD = \sqrt{\frac{\sum_{i=1}^{n} (V_i - \overline{V})^2}{n-1}} \tag{2-18}$$

$$RSD = \sqrt{\frac{\sum_{i=1}^{n} (V_i - \overline{V})^2}{n-1}} \frac{1}{\overline{V}} \times 100\% \tag{2-19}$$

式中　SD——标准偏差；

RSD——相对标准偏差（%）；

V_i——第 i 次取液量测量值（μL）；

$\overline{V}$——n 次取液量的平均值（μL）；

n——取液次数。

表 2-8　取液量重复性原始记录表（例）

取液量 /μL	V_i/μL						$\overline{V}$/μL	RSD（%）
	1	2	3	4	5	6		
100								

4. 温度控制

根据提取方式，提取仪如可设定裂解和洗脱温度，则需要对温度控制进行验证。方法是应用精密的温度检测设备比较实际温度与设定温度的差别。一般选择 55℃、65℃、90℃或者其他有实际需要的温度作为校准点。使用温度测量装置，将温度传感器固定在提取仪的加热模块上，温度传感器均匀分布，保证温度传感器与加热模块贴合紧密。对于不同加热模块的提取仪，可根据实际情况均匀选取测量点，测温点数选取规则如下：提取仪孔位数为 48~96，测温点选 7 个；提取仪孔位数为 8~48，测温点选 5 个；提取仪孔位数为 8 及以下的，测温点选 3 个。设定提取仪的验证温度，稳定 10min 或以上，待温度稳定后，读取测温点的温度值，根据式（2-20）计算温度的示值误差。温度示值误差及均匀性原始记录表见表 2-9。

$$\Delta \overline{T}_a = T_s - \overline{T} \qquad (2\text{-}20)$$

$$\overline{T} = \frac{1}{n} \sum_{i=1}^{n} T_i$$

式中　$\Delta\overline{T}_a$——温控工作区域内温度示值误差（℃）；

T_s——温控工作区域内设定温度值（℃）；

$\overline{T}$——所有测温点温度传感器测量值的平均值（℃）；

T_i——第 i 个温度传感器测量值（℃）；

n——测温点数量。

表 2-9　温度示值误差及均匀性原始记录表（例）

温度/℃	T_i/℃							$\overline{T}$/℃	$\Delta\overline{T}$/℃	ΔT/℃
	1	2	3	4	5	6	7			

5. 携带污染

携带污染指由测量系统将一个检测样品反应携带到另一个检测样品反应的分析物不连续的量，由此错误地影响了另一个检测样品的表现量。方法：携带污染的验证应用阴、阳性样本配对检测的方法进行验证。通常选取灵敏度较高的项目［如 HBV（乙型肝炎病毒）］阳性样本（拷贝数 $\geq 1 \times 10^8$ IU/mL）若干，并混合定量；经过 DNA 检测完全阴性的阴性样本若干份，在提取仪中按照阴阳相间的方式排列，观察阴性样本是否被阳性样本污染以考察提取仪的携带污染率。携带污染测试两次结果见表 2-10，阴性样本两次检测结果见表 2-11。

表 2-10　携带污染测试两次结果

样本	测试 1	测试 2
阳性		
阴性		
阳性		
阴性		
阳性		
阴性		

表 2-11　阴性样本两次检测结果

次数	3 个阴性质控样本检测阳性占比
1	0/3
2	0/3

6. 核酸提取回收率均匀性

1）选择有证核酸标准物质（浓度 $\geqslant 1000\,ng/\mu L$），利用微量分光光度计测量其浓度，取 3 次测量的平均值作为核酸提取前的初始浓度。

2）利用核酸提取仪对标准物质进行核酸提取。根据实际情况，均匀选取测量点进行均匀性考察。

3）将提取好的样品溶液，每个孔各自分别用微量分光光度计进行测量。

4）对比提取前的 DNA 含量，计算提取回收率。

测试核酸标准溶液的提取回收率的均匀性，测量点按本章第一节"温度示值误差"中的规定来选取，测试每个点的回收浓度。根据式（2-21）和式（2-22）计算回收率的均匀性。

$$\Delta C_u = C_{max} - C_{min} \tag{2-21}$$

$$R_u = \frac{\Delta C_u}{C_0} \times 100\% \tag{2-22}$$

式中　ΔC_u——回收浓度最大差值（$ng/\mu L$）；

C_{max}——所有回收浓度测定值的最大值（$ng/\mu L$）；

C_{min}——所有回收浓度测定值的最小值（$ng/\mu L$）；

C_0——初始浓度（$ng/\mu L$）；

R_u——回收率均匀性（%）。

注：若仪器提取通道少于 3 个，则不做均匀性考察。

7. 核酸提取回收率

把上文得到的提取后的样品溶液混合均匀后，用微量分光光度计测量核酸浓度，重复测量 3 次，取核酸提取回收率的平均值作为最终的核酸提取回收率，根据式（2-23）和式（2-24）计算回收率的平均值。

$$\overline{R} = \frac{\overline{C}}{C_0} \times 100\% \tag{2-23}$$

$$\overline{C} = \sum_{n=1}^{n} C_i \qquad\qquad (2\text{-}24)$$

式中 $\overline{R}$——回收率的平均值（%）；

　　　$\overline{C}$——n 次测量的平均值（ng/μL）。

8. 提取纯度验证

结合具体项目，需要对提取的核酸进行浓度和纯度的检测验证。浓度验证通常应用 260nm OD 值进行计算。此外，还可应用阳性样本和标准品经过倍比稀释后检测最低检测限，从而反映其提取效率。如使用经 HBV DNA 阴性的人血浆稀释的 HBV 核酸确定 HBV DNA 的最低检出限。

提取的纯度，通常可应用紫外分光光度检测法分析，核酸的纯度以 A_{260}/A_{280} 值判断，纯 DNA：$A_{260}/A_{280} \approx 1.8$（$A_{260}/A_{280} > 1.9$ 时表明有 RNA 污染；$A_{260}/A_{280} < 1.6$ 时表明有蛋白质、酚等污染）。纯 RNA：$1.7 < A_{260}/A_{280} < 2.0$（$A_{260}/A_{280} < 1.7$ 时表明有蛋白质或酚污染；$A_{260}/A_{280} > 2.0$ 时表明可能有异硫氰酸残存）。

三、核酸提取所选磁珠性能评价

（一）磁珠法提取核酸的原理与步骤

1. 原理

磁珠是生物磁珠的简称，它是一种纳米级或者微米级球状或无定形超顺磁性颗粒物。生物磁珠的表面经过改良或功能化修饰，包被有生物活性基团的功能化载体，可以与多种生物活性物质发生偶联，并在外磁场的作用下实现与被待测样品的分离。它在磁场中能够迅速聚集，撤去磁场后又能快速散开，从而实现在不同条件下与核酸分子特异性高效结合和解离。

磁珠法核酸提取的原理是用磁性纳米粒子与核酸分子的特异性识别和高效结合，在外磁场的作用下达到分离纯化核酸的目的。首先，利用纳米技术对超顺磁性纳米颗粒的表面进行改良和表面修饰，使其能在微观界面上与核酸分子特异性地识别和高效结合。然后，利用超顺磁性，在离液盐（盐酸胍、异硫氰酸胍等）和外加磁场的作用下，从病原微生物、血液、动物组织等样本中分离出 DNA 和 RNA。

2. 步骤

磁珠法核酸提取分为四步：裂解→吸附→洗涤→洗脱。

提取方法有抽吸法和磁棒法两种。

（1）抽吸法　抽吸法也叫移液法，该方法的磁珠固定不动，通过液体的转移来实现核酸的提取。提取步骤包括：

1）裂解：样品中加入裂解液，反复吹打，加热，实现裂解液的充分混匀及反应，使细胞裂解，释放出核酸。

2）吸附：裂解液中加入磁珠，充分混匀，在高盐低 pH 下，磁珠特异性地吸附核酸。外加磁场，使磁珠与溶液分离，将液体移出废弃。

3）洗涤：撤去外加磁场，加入洗涤缓冲液，充分混匀，去除杂质。再外加磁场，使磁珠与溶液分离，将液体移出废弃。

4）洗脱：撤去外加磁场，加入洗脱缓冲液，充分混匀，结合的核酸即与磁珠分离，从而得到纯化的核酸。

（2）磁棒法　磁棒法即通过转移磁珠来实现核酸的分离纯化。提取步骤包括：

1）裂解吸附：裂解液中加入磁珠，再加入待处理样品，充分混合，裂解细胞。在高盐低 pH 的条件下，裂解释放出的核酸特异性地吸附到磁珠上，而蛋白质等分子则不被吸附而留在溶液中。

2）洗涤：在磁棒的磁场作用下，磁珠与溶液分离，利用磁棒将磁珠转移至洗涤缓冲液中，反复洗涤，去除蛋白质、无机盐等杂质。

3）洗脱：洗涤结束后，利用磁棒将磁珠转移至洗脱缓冲液中，在低盐高 pH 的条件下，核酸被洗脱下来，用磁棒将磁珠移出，从而得到纯化的核酸。

（二）磁珠关键物理参数测试

1. 粒径大小及分布

磁珠粒径有 200nm、500nm、1μm、3μm 等多种。磁珠粒径的大小决定了表面积以及在分离过程中磁体系统对磁珠的吸引力。磁珠在对特定物质起吸附作用时，不可避免地会吸附少量的杂质。

磁珠粒径大小及分布的测试方法主要有显微图像法和激光粒度分析法。

（1）显微图像法　按照 GB/T 21649.1—2008 的规定执行，得到平均粒径和标准差。

（2）激光粒度分析法　根据磁珠粒径的大小执行不同的标准，得到平均粒径和分散指数。当磁珠的粒径大于 1μm 时，按照 GB/T 19077—2016 的规定执行；当磁珠的粒径小于 1μm 时，按照 GB/T 29022—2021 的规定执行。

2. 磁响应时间

磁响应时间是指磁珠置于磁力架后，实现完全磁分离的时间。通过将磁珠磁性分离进行计时，记录响应的时间来实现。磁响应时间不应过长，否则会导致等待时间变长。在选取磁珠时，要根据实际需求，选择磁响应时间合适的磁珠。

3. 重分散性

重分散性是指磁珠完全自然沉降后，再次回到完全悬浮状态的难易程度。磁珠分散液的均匀性直接影响了不同批次产品性能的可重复性，因此重分散性是造成试验结果不稳定的重要因素之一，经常被使用者忽略。重分散性差的磁珠，很难保证磁珠分散体处于完全悬浮的状态，从而造成加样量的不均一，直接影响试验结果的稳定性。

重分散性采用 GB/T 40171—2021 中的方法进行测试。将磁珠分散在缓冲液中，用频率为 40kHz、功率为 180W 的超声波作用 5min，混合均匀后，将分散液用 3000r/min 的离心速度离心 3min 加速沉淀，振荡 30s，在已确定的吸收波长下测试分散液的吸光度（A_1），重分散率（P_{rd}）按式（2-25）计算。

$$P_{rd} = \frac{A_1}{A_0} \times 100\% \tag{2-25}$$

式中　P_{rd}——重分散率（%）；

　　　A_1——离心后磁珠重悬液的吸光度；

　　　A_0——磁珠分散液的吸光度。

4. 磁稳定性

磁稳定性是指核酸提取磁珠回收已知浓度 DNA 的回收效率。

磁稳定性采用 GB/T 40171—2021 中的方法进行测试。将磁珠分散在缓冲溶液（不含有铁离子）中，用频率为 40kHz、功率为 180W 的超声波作用 5min，在 37℃条件下以 200r/min 振荡 5h，磁分离后取上清分散液，按照 GB 5009.268—2016 中的"第二法 电感耦合等离子体发射光谱法（ICP-OES）"检测游离铁离子浓度。

5. 半沉降时间

半沉降时间一般用来表示核酸提取磁珠的悬浮性或分散性。理论上来讲，半沉降时间越长，磁珠的悬浮性越好，连续加样的稳定性就越高。半沉降时间不宜过短，否则磁珠的沉降速度过快会导致磁珠的混匀程度不够，造成加样量不均一，从而使提取结果差异较大。因此，选择半沉降时间适中的磁珠，可以增加试验的稳定性。

（三）磁珠吸附率测试

1. 磁珠吸附率测试方法

磁珠吸附率是一定条件下，磁珠吸附到的核酸占总核酸量的比例。磁珠吸附率是影响核酸磁珠提取法效率的重要因素，因此其也是所选磁珠功能评价的关键指标和用户关心的关键参数。任何核酸提取试验，磁珠吸附率越高，核酸得率越高。

磁珠吸附率的测试方法主要有分光光度法和数字 PCR 法。

（1）分光光度法　使用核酸有证标准物质，采用微量分光光度计测量其浓度，取 3 次测量的平均值作为初始浓度。

使用磁珠对标准物质中的核酸进行吸附，重复七次。磁珠用量、吸附时间、所用标准物质的体积参考说明书。

磁珠吸附完成并进行磁分离后，再次使用微量分光光度计测量剩余核酸浓度。

根据式（2-26）计算该次的磁珠吸附率。

$$r = \left(1 - \frac{C_0}{\overline{C_a}}\right) \times 100\% \tag{2-26}$$

式中　r——磁珠吸附率；

　　　C_0——标准物质的初始核酸浓度（ng/μL）；

　　　$\overline{C_a}$——7 次重复吸附后剩余核酸浓度的平均值（ng/μL）。

（2）数字 PCR 法　使用核酸有证标准物质，采用数字 PCR 法测量其拷贝数，取 3 次测量的平均值作为初始浓度。

使用磁珠对标准物质中的核酸进行吸附，重复七次。磁珠用量、吸附时间、所用标准物质的体积参考说明书。

磁珠吸附完成并进行磁分离后，再次使用数字 PCR 法测量剩余核酸拷贝数。

根据式（2-27）计算该次的磁珠吸附率。

$$r=\left(1-\frac{C_0}{\overline{C}_a}\right)\times100\%\qquad(2\text{-}27)$$

式中　r——磁珠吸附率；

　　C_0——标准物质的初始核酸拷贝数（拷贝/μL）；

　　$\overline{C}_a$——7 次重负吸附后剩余核酸拷贝数的平均值（拷贝/μL）。

2. 不同浓度 DNA 和 RNA 的磁珠吸附率测试

磁珠对不同浓度水平核酸的吸附率不一，且对 DNA 和 RNA 的吸附率不一。因此，需要对不同浓度 DNA 和 RNA 的磁珠吸附率进行测试，来评估磁珠在预期使用场景的适用性。

在缓冲液中添加 3 个浓度水平的 DNA（或 RNA）有证标准物质，所添加浓度范围应涵盖高、中、低 3 个水平。使用分光光度法或数字 PCR 法测试所选磁珠对不同浓度 DNA 和 RNA 的吸附率。

第三节　核酸提取仪的质量控制

一、核酸提取仪设备管理

（一）核酸提取仪的管理职责

1）核酸提取仪的最高管理者应该负责该类设备的全面管理，一般为医院院长或主管设备的副院长。

2）医学工程科（药械科）或相关医疗设备管理部门负责组织医院核酸提取仪购置、安装验收、性能验证（包括期间核查）、周期计量校准、维修、处置等工作，并负责组织仪器性能验证、期间核查标准作业程序（SOP）的起草及档案的监督管理。

3）使用部门负责本部门核酸提取仪的日常管理工作，包括：提出申购计划、编制仪器设备 SOP（包括使用维护、性能验证、期间核查等）、日常使用与维护、校准证书确认、处置、档案管理等。

（二）核酸提取仪的管理程序

1. 核酸提取仪的购置

使用部门提出设备申购计划。设备管理部门汇总各使用部门申购计划，组织专家进行论证，并会同相关管理部门审核购置计划。计划批准后，医学工程部门和使用部门论证技术参数并提交，采购部门负责购置。

2. 核酸提取仪的安装验收

使用部门负责提供符合仪器设备安装与运行的环境条件及其运行过程中相关要求的条件保障工作。核酸提取仪的提供单位（包括供应商/生产商/进口代理商等）负责设备的安装及运行调试工作。仪器设备管理中心或相关部门负责组织协调设备的提供单位和使用部门开展仪器设备的安装、运行、三方验收及验证工作。

3. 核酸提取仪的验证

使用部门提出本部门验证计划并报仪器设备管理中心或相关部门。仪器设备管理中心或相关部门审核批准各使用部门报送的性能验证计划，根据相关法律法规的规定，汇总形成医院的性能验证计划并组织实施。新购或经修复后影响检测功能的仪器设备，均应在检定、校准和核查合格后方能投入使用。

4. 核酸提取仪的使用

设备投入使用前建立操作 SOP 等技术性文件。设备必须严格按照规定的功能范围使用，不得超范围使用，设备应严格按照 SOP 使用。核酸提取仪须由专人操作，其操作人员须经过培训，考核合格后方能上岗。设备操作人员在设备运行前应检查其工作状态是否正常，运行中及运行后认真填写使用记录，设备使用记录应准确完整。设备不得随意搬动、拆卸，设备经搬移重新安置后应对其安装位置、环境及运行状况进行检查并确认。

5. 核酸提取仪的维护与维修

正常运行状态下，设备日常维护由设备操作人员完成。设备出现异常后应立即停止使用。使用部门提出设备维修申请，设备管理中心或相关部门负责设备维修，经计量检测并确认合格后（必要时须通过性能验证）方可正常使用。

6. 核酸提取仪的处置

处置范围包括闲置、报废报损的设备。处置方式包括内部转移、借出调拨、报废报损。使用部门提出设备处置申请，设备管理中心及相关管理部门审核申请，仪器设备管理中心负责实施。核酸提取仪在处置前，需进行彻底的消毒处理。

7. 核酸提取仪的档案管理

使用部门负责设备使用记录，设备管理中心负责医院仪器设备档案的立卷、归档、保存、管理，资产处置后档案的移交工作，以及报废仪器设备档案的保存和处置。

（三）设施设备与环境

由于核酸提取仪多用于检验具有污染性的样品，所以仪器必须放在 PCR 实验室里工作，操作者在操作的时候必须遵循 PCR 实验室的相关规定，穿戴好防护服、防护手套等相关防护措施。

1. 设施设备

工作区域检测仪器设备配置标准、设施与环境参数的设置应符合《医疗机构临床基因扩增检验实验室管理办法》。

2. 环境要求

实验室（包括移动或方舱型实验室）应符合相应防护级别的生物安全实验室的设计和建造要求，应满足检测质量的要求并保证人员以及周围环境的安全。

核酸提取仪放置在核酸扩增检验实验室的样本制备区，PCR 仪等检测设备应放置于扩增区等相关区域内，相互独立。实验室应符合生物安全二级（BSL-2）实验室标准。放置核酸提取仪的样本制备区负压，设有空气过滤装置。

环境温湿度应符合设备要求；实验室承重及试验台承重应符合设备说明书要求；

应确保维修、紧急关闭电源需要的空间；电源应符合 GB 4793.9—2013《测量、控制和实验室用电气设备的安全要求 第 9 部分：实验室用分析和其他目的的自动和半自动设备的特殊要求》。核酸提取仪应连接在不间断电源（UPS）上，并良好接地。电源应留有功率冗余。

3. 设施设备和环境检查

实验室应根据风险评估结果制定设施设备和环境检查计划，应重点关注以下内容：

1）设置专门运维人员，按照核酸提取仪的使用说明进行保养与维护，并制定巡检计划，检查并记录。

2）设施设备的日常使用应明确使用风险、资质和防护要求。

3）应检测空调系统的运行情况，并定期检查、清理、更换过滤器。

4）应定期采集实验室环境样本检测环境污染情况，按照试验流程进行核酸检测。

（四）安全管理

实验室的管理应符合 GB 19781—2005《医学实验室 安全要求》、GB 19489—2008《实验室 生物安全通用要求》、ISO 22367：2020《医学实验室 风险管理在医疗实验室中的应用》等标准，以及相应法规的要求。

核酸提取仪应具有紫外线消毒功能或额外配置移动式紫外线消毒灯进行近距离直射消毒。应具有屏蔽盖并可以在工作过程中关闭，以防止样本喷溅造成污染。

核酸提取仪操作人员应具有相应的安全意识和技术能力，熟悉国家法律、法规，部门规章和标准，有相关的工作经历。核酸提取仪操作人员应有完善的岗前培训、在岗持续培训，以及定期或不定期的外部培训。培训的内容包括实验室管理体系培训，安全知识和技能培训，实验室设施设备和个体防护装备的安全使用、应急措施和现场救治、心理健康和风险认知能力的培训等，通过培训提高个人的防护意识，保持健康的心态，养成良好的操作习惯。

人员在对全自动核酸提取纯化设备进行操作的过程中，应按照实验室安全要求，至少采用二级防护要求进行防护（涉及新型冠状病毒等高致病性病原微生物样本时，应采用生物安全三级实验室个人防护）。

二、核酸提取质量管理

核酸提取的质量决定了后续试验能否顺利完成。在临床样本采集、运输和储存期间，核酸分子特征会发生变化，为了正确实施当前和未来的核酸分子诊断分析，必须对分析前的样本处理制定统一、标准和新的稳定核酸的技术，以保证核酸提取质量，产生最佳的分析结果。核酸提取质量管理至少应包括核酸质量综合评价，如核酸产率、纯度、浓度、核酸完整性的鉴定，以及核酸提取重复性、交叉污染、干扰等性能评价，在检验过程中应使用验证过的核酸抽提和纯化方法。

（一）DNA 核酸提取质量评价

1. 核酸定量分析方法

核酸定量分析方法包括定糖法、定磷法、紫外吸收法、荧光光度法、共振光散射法、电化学法、qPCR 法等。随着技术的不断更新与发展，核酸检测越来越趋向于简便的操作、较高的灵敏度、极高的准确性。紫外吸收法是目前实验室使用最多的核酸检测方法，同时也是目前核酸检测最快速的方法，代表仪器为 Nanodrop 核酸分析仪，其特点是操作简单、迅速，可以在 2min～3min 出结果；荧光光度法是目前要求高灵敏度和快速检测时的首选方法，代表仪器为 Qubit，准确度较高，可在 5min 之内出结果；qPCR（实时荧光定量 PCR）法是目前灵敏度最高的核酸检测方法，主要用于较低的核酸浓度检测。表 2-12 中列出了常见核酸定量分析方法，下边将对常用方法做简要介绍。

表 2-12 常见核酸定量分析方法

方法	定糖法	定磷法	紫外吸收法	荧光光度法	qPCR 法
原理	与醛类化合物发生颜色反应	磷含量折算	利用芳香环结构的紫外吸收	特异性染料结合	荧光定量
检测	分光光度计	分光光度计	分光光度计	分光光度计/Qubit	荧光定量仪
灵敏度	$1\mu g \sim 10\mu g$	$20\mu g \sim 250\mu g$（RNA），$20\mu g \sim 400\mu g$（DNA）	大于 $0.25ng/ul$	$1ng \sim 5ng$	低至 fg（飞克）级别
优点	简单,高浓度核酸检测	简单,高浓度核酸检测	操作简便,迅速	灵敏度较高	灵敏度高,适合批量检测
缺点	易受蛋白与核苷酸的影响	特异性差	特异性较差	价格昂贵	操作时间长
应用	高浓度核酸检测	高浓度核酸检测	常规核酸浓度检测	低浓度核酸检测	低浓度核酸检测

（1）定磷法 RNA 中磷的质量分数约为 9.5%，DNA 中磷的质量分数约为 9.2%，采用定磷法可准确测出磷含量，进而折算出样品中的核酸含量。该方法的原理是酸性条件下，定磷试剂中的钼酸铵以钼酸形式与样品中的磷酸反应生成磷钼酸，当还原剂存在时磷钼酸立即转变为蓝色的还原产物——钼蓝；钼蓝最大的光吸收在 650nm～660nm 波长处，根据吸光值制作标准曲线，从而确定核酸的浓度，测定范围为 $1\mu g \sim 10\mu g$。该法简单、快速，但易受蛋白与核苷酸的影响。

（2）紫外吸收法 核酸分子中的碱基，含有芳香环结构，具有紫外吸收特性。吸收的波长为 250nm～270nm，最大吸收波长是 260nm。在波长为 260nm 的紫外线下，一般 $1\mu g/mL$ RNA 溶液在 1cm 光径比色皿中的光吸收峰值约为 0.022，$1\mu g/mL$ DNA 溶液的光吸收值为 0.020。1 个 OD 值的光密度大约相当于 $50\mu g/mL$ 的双链 DNA，$38\mu g/mL$ 的单链 DNA 或单链 RNA，以及 $33\mu g/mL$ 的单链寡聚核苷酸。如果要精确定量已知序列的单链寡聚核苷酸分子的浓度，就必须结合其实际相对分子质量与摩尔吸光系数，根据朗伯-比尔定律进行计算。若 DNA 样品中含有盐，则会使 A_{260} 的读数偏高，尚需测定 A_{310} 以扣除背景，并以 A_{260} 与 A_{310} 的差值作为定量计算的依据。紫外吸收法只用于测定浓度大于 $0.25\mu g/mL$ 的核酸溶液。因此，测定未知浓度 RNA 或 DNA 溶液在

260nm 的光吸收值即可计算出其中核酸的含量。

（3）荧光光度法 利用荧光染料（如溴化乙锭 EB、SYBR 系列等）可嵌入核酸双链碱基对之间，在紫外激发下发出荧光且荧光强度与核酸含量成正比的特性，配套荧光检测技术检测核酸含量。该法灵敏度可达 1ng～5ng，适合低浓度核酸溶液的定量分析。这些荧光染料只有与特异性的靶分子结合时才能发出荧光信号，采用荧光染料检测特定目标分子的浓度，可以对 DNA 和 RNA 进行精准定量。荧光光度法分析检测核酸含量如图 2-8 所示。基于荧光染料法检测的仪器：如 Qubit 系列、荧光定量 PCR 仪系列等。

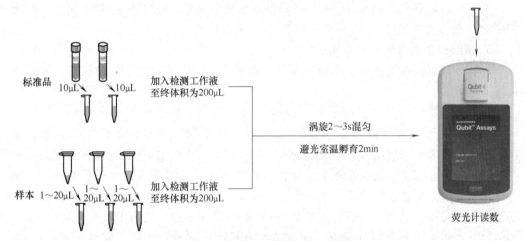

图 2-8 荧光光度法分析检测核酸含量

（4）qPCR 法 使用荧光定量方法中的绝对定量，配套标准品，制作对应的标准曲线，使用荧光定量仪，计算对应的荧光值并转换对应的核酸浓度。该方法基于特异性引物和探针来检测，可用于确定靶核酸的拷贝数。特点：①探针法还可使用多重检测；②特异性和灵敏度均较高；③需要特定试剂和仪器，操作过程相对烦琐、耗时；④依靠标准品确定样品浓度，只有当标准品与待测样品具有相同扩增效率时，其定量浓度才准确可靠。

2. 核酸纯度鉴定

（1）紫外分光光度法 通过 A_{260} 与 A_{280} 的比值判定有无蛋白质的污染。在 TE 缓冲液中，纯 DNA 的 A_{260}/A_{280} 为 1.8，纯 RNA 的 A_{260}/A_{280} 为 2.0。比值升高与降低均表示不纯。核酸中混杂的蛋白质与酸提取中加入的酚可使比值下降。蛋白质的紫外吸收峰在 280nm，酚的在 270nm，可由此鉴别是蛋白质的污染还是酚的污染。RNA 的污染可致 DNA 制品的比值高于 1.8，故比值为 1.8 的 DNA 溶液不一定为纯的 DNA 溶液，可能兼有蛋白质、酚与 RNA 的污染，需结合其他方法加以鉴定。A_{260}/A_{280} 的值是衡量蛋白质污染程度的一个良好指标，2.0 是高质量 RNA 的标志。由于 RNA 二级结构的不同，读数会有一些波动，一般在 1.8～2.1 都是可以接受的。鉴定 RNA 纯度所用溶液的 pH 也会影响 A_{260}/A_{280} 的读数，如 RNA 在水溶液中的 A_{260}/A_{280} 就比其在 Tris 缓冲液

（pH＝7.5）中的读数低 0.2～0.3。

（2）荧光光度法 用溴化乙锭等荧光染料示踪的核酸电泳结果可用于判定核酸的纯度。由于 DNA 分子较 RNA 大许多，因此电泳迁移率低；而 RNA 中以 rRNA（核糖体 RNA）最多（占 80%～85%），tRNA（转运 RNA）及核内小分子 RNA 占 15%～20%，mRNA（信使 RNA）占 1%～5%。故总 RNA 电泳后可呈现特征性的三条带。在原核生物中为明显可见的 23S、16S 的 rRNA 条带及由 5S 的 rRNA 与 tRNA 组成的相对有些扩散的快迁移条带；在真核生物中为 28S、18S 的 rRNA 条带及由 5S、5.8S 的 rRNA 和 tRNA 构成的条带。mRNA 因量少且分子大小不一，一般是看不见的。

通过分析以溴化乙锭为示踪染料的核酸凝胶电泳结果，可以鉴定 DNA 制品中有无 RNA 的干扰，亦可鉴定在 RNA 制品中有无 DNA 的污染。

3. 核酸完整性鉴定

评价方法有：普通凝胶、脉冲场凝胶、毛细管、扩增不同大小片段比较，常规使用凝胶电泳法。

以溴化乙锭为示踪染料的核酸凝胶电泳结果可用于判定核酸的完整性。基因组 DNA 的相对分子质量很大，在电场中泳动很慢，如果有降解的小分子 DNA 片段，电泳图上可以显著地表现出来。而完整的无降解或降解很少的总 RNA 电泳图，除具特征性的三条带外，三条带的荧光强度积分有一特定的比值。沉降系数大的核酸条带，相对分子质量大，电泳迁移率低，荧光强度积分高；反之，相对分子质量小，电泳迁移率高，荧光强度积分低。一般 28S（或 23S）RNA 的荧光强度约为 18S（或 16S）RNA 的 2 倍，否则提示有 RNA 的降解。如果在加样槽附近有着色条带，则说明有 DNA 的污染。

必要时，还可以通过一些特殊的试验来分析 RNA 的完整性，如小规模的 cDNA（互补 DNA）合成反应、以放射性标记的寡脱氧胸苷酸 oligo（dT）为探针的 Northern 杂交以及对已知大小的 mRNA 的 Northern 杂交。另外，随着毛细管电泳与生物芯片技术的飞速发展，有关核酸的分离、纯化、鉴定与回收的手段日益丰富。

（二）核酸提取性能评价

CLIA（美国临床实验室改进修正案）要求核酸检测质控应包括核酸提取部分，以排除核酸提取中的差错。为有效控制核酸分离、准备、提取过程，最好使用病人来源的、完全的细菌或病毒等标本作为控制材料，并与临床病人标本进行检测，若控制物经历了所有步骤，则它既可以作为扩增质控也可以作为提取质控。用已知拷贝数的核酸作为质控物或者提取前在样本中加入有效内部标准物作为核酸提取过程的方法。

1. 不同 DNA 核酸提取方法核酸得率的比较

核酸提取效率，是指提取后与提取前的核酸拷贝数的比值。不同的核酸检测试剂、核酸提取方法的效率不同，可导致 PCR 检测的阳性检出率产生巨大差异，因此，需要对不同试剂盒的核酸提取方法的提取效率进行评价。可以采用不同提取方法对同一份样品进行提取并分别测量提取后的核酸拷贝数，比较不同方法的提取效率的高低。不同提取方法核酸产物得率比较如图 2-9 所示。

2. 定量 PCR 比较不同核酸提取方法提取后的 C_t 值

用定量 PCR 的 C_t 值来判定不同提取方法的提取效率是最精确的方法。qt-PCR（实时荧光定量 PCR）确定不同提取方法的提取效率见表 2-13，使用不同方法提取 2019 新型冠状病毒（2019-nCoV）RNA 模拟阳性标本及阴性人源性标本，进行实时荧光定量 PCR 反应，磁珠法和一步法提取的 RNA 产物扩增后的 C_t 值差异无统计学意义，而离心柱法提取的 RNA 产物扩增后的 C_t 值小于另外两种方法，相差 1.77 ± 0.24，差异有统计学意义。

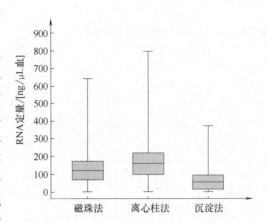

图 2-9　不同提取方法核酸产物得率比较

表 2-13　qt-PCR 确定不同提取方法的提取效率

组别	ORF1ab	E	N	内参
磁珠法	30.82 ± 0.14[①]	28.52 ± 0.40	28.61 ± 1.02	26.65 ± 0.21[①③]
离心柱法	29.28 ± 0.06[②]	27.33 ± 0.78	27.24 ± 0.20	24.54 ± 0.33[②③]
一步法	29.79 ± 0.01	27.38 ± 0.13	27.25 ± 0.47	28.37 ± 0.87[①②]
P 值	0.041	0.169	0.020	0.014

注：ORF1ab、E、N 为 2019-nCoV RNA 的 3 个检测片段。

① 与离心柱法相比，具有显著性差异。

② 与磁珠法相比，具有显著性差异。

③ 与一步法相比，具有显著性差异。

3. DNA 核酸完整性比较评价

图 2-10～图 2-12 所示分别是不同实验室核酸提取后完整性的比较、不同提取方法对核酸完整性的影响和不同样本提取间隔时间对核酸完整性的影响。

4. RNA 核酸提取评价

RNA 是单链结构，RNA 的碱基和氢键全都暴露在环境中，极易被环境中的各种化学物质和 RNA 酶降解。外源性酶是影响试验的重要因素。提取到 RNA 后，需要对 RNA 进行质量检测，以确定

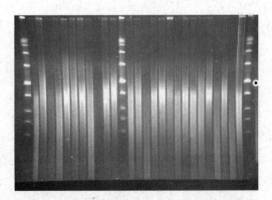

图 2-10　不同实验室核酸提取后完整性比较

它是否符合后续试验的要求。RNA 用于不同的后续试验，对其质量要求不尽相同。cDNA 文库构建要求 RNA 完整且无酶等抑制物残留；Northern blot 试验对 RNA 完整性要求较高，对酶反应抑制物残留要求较低；RT-PCR 试验对 RNA 完整性要求不太高，

但对酶反应抑制物残留要求严格。因此，在进行不同的试验时应选择不同的方法纯化RNA，以达到最佳的试验效果。

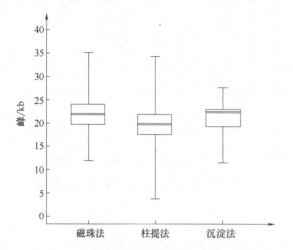

图 2-11　不同提取方法对核酸完整性的影响

注：纵轴为通过［mage］软件评估的峰值大小。

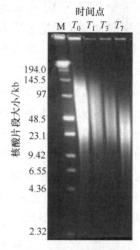

图 2-12　不同样本提取间隔时间对核酸完整性的影响（脉冲场电泳）

RNA 浓度计算公式：RNA 浓度 = A_{260}×稀释倍数×40。

（1）得率——分光光度计法　RNA 得率有很强的组织特异性，不同组织 RNA 的丰度和 RNA 提取的难易程度共同决定了该种组织的 RNA 得率。一般来说，可通过分光光度计测定 RNA 溶液在 260nm 处的吸光值来计算 RNA 的含量。RNA 溶液在 260nm、320nm、230nm、280nm 下的吸光度分别代表了核酸、溶液浑浊度、杂质浓度和蛋白质等有机物的吸收值。用标准样品测得在波长为 260nm 处，1μg/mL RNA 钠吸光度为0.025（光程为 1cm），即 $A_{260}=1$ 时，样品中 RNA 浓度为 40μg/mL。通常分光光度计 A_{260} 的读数为 0.15~1.0 才是可靠的。因此，RNA 提取结束后，要根据大概产量稀释到适当浓度范围，再用分光光度计检测。

（2）评价 RNA 提取方法　通过 RT-qPCR（实时荧光定量 PCR）检测管家基因的 C_t 值可评价 RNA 提取效果，如图 2-13 所示。

比较不同实验室 RNA 提取得率可评价 RNA 提取方法体系的通用性能，通过 RT-qPCR 对提取 RNA 进行转录因子扩增比较提取得率（见图 2-14）。

通过计算 $R=(A_{260}-A_{320})/(A_{280}-A_{320})$ 计算 RNA 核酸纯度，也可用层析的方法检测纯度，如图 2-15 所示。

通过普通凝胶电泳、毛细管电泳或 RIN（RNA integrity number，RNA 完整值）等评价 RNA 完整性。

理想的 RNA 完整性为：清晰的 28S 和 18S 两条带，以及 5S 条带，无基因组污染的 DNA 条带。28S 的亮度在 18S 亮度的 2 倍以上。凝胶电泳检测 RNA 完整性如图 2-16 所示。

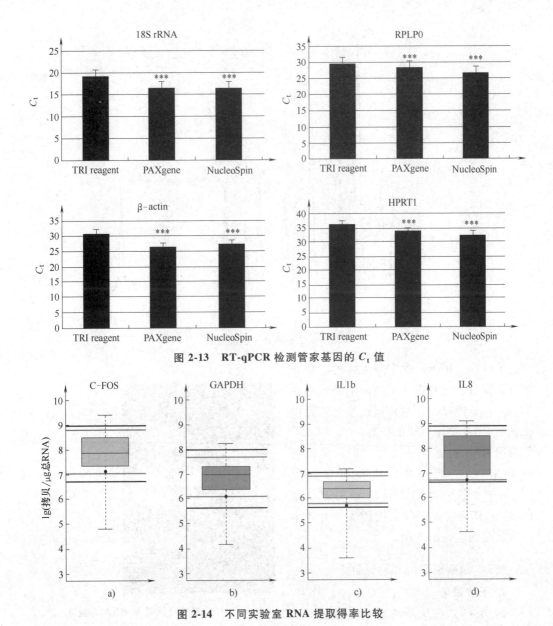

图 2-13 RT-qPCR 检测管家基因的 C_t 值

图 2-14 不同实验室 RNA 提取得率比较

5. 加入内标评价提取质量

检测 RNA 的内标质控品一般有两种：质粒 DNA 和假病毒，但这些质控品都有各自的弱势。质粒 DNA 在 RNA 的 RT-PCR 中和样本不属于同源核酸，而且质粒易污染实验室，不宜作为质控品对 RNA 进行监控；假病毒作为外源性加入的物质，不能监控采样质量，并与检测样本是竞争关系，可能影响到检测结果的准确性，并且还需要有一定技术上的支持，操作比较烦琐。

RNase P（核糖核酸酶 P）在人体各器官组织细胞中普遍存在，而且能够对人体来源样本的 RNA 核酸片段进行检测，可以作为内源性内参使用，并监测整个试验操作过

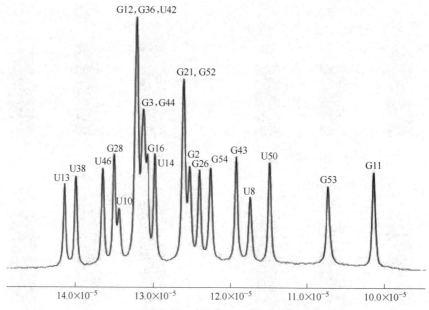

图 2-15　层析的方法检测纯度

程的准确性。RNase P 作为人体的生理作用可以充分表现有机体的生命活动内部化学反应的有序性，核糖核蛋白复合体可以根据靶 RNA 设计的外部指导序列（EGS）能与靶 RNA 碱基互补结合，形成类似前体 tRNA 的二级结构，从而引导人类 RNase P 对靶 RNA 进行特异切割。以 RNase P 作为内标的最大优势就是对样本的采集起到监控的作用。

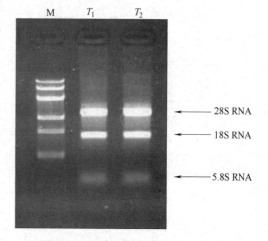

图 2-16　凝胶电泳检测 RNA 完整性

（三）核酸提取的其他评价

1. 干扰试验

1）将已知病原体的溶血或脂血标本用待评价试剂提取，比较所得到的结果，可知纯化后是否将有关抑制物去除，从而反应提取纯度。

2）将影响后续试验的物质加入标本中，看提取试剂是否能够有效地去除干扰。

2. 交叉污染

将已知不同浓度的病原体（包括阴性的标本）用待评价试剂提取，比较所得到的结果，可知纯化后是否存在样本间的交叉污染。

（四）核酸的保存

核酸的结构与性质相对稳定，无须每次制备新鲜的核酸样品，且一次性制备的核酸样品往往可以满足多次试验研究的需要，因此有必要探讨核酸的贮存环境与条件。与分离纯化一样，DNA 与 RNA 的保存条件也因性质不同而相异。

1. DNA 的保存

对于 DNA 来讲，溶于 TE 缓冲液在 -70℃ 可以储存数年。pH 低于 7 时 DNA 容易变性，TE 缓冲液的 pH 为 8，可以减少 DNA 的脱氨反应；EDTA 作为二价金属离子的螯合剂，通过螯合 Mg^{2+}、Ca^{2+} 等二价金属离子以抑制 DNA 酶的活性；低温条件则有利于减少 DNA 分子的各种反应；双链 DNA 因结构上的特点而具有很大的惰性，常规 4℃ 亦可保存较长时间；在 DNA 样品中加入少量氯仿，可以有效避免细菌与核酸的污染。

2. RNA 的保存

RNA 可溶于 0.3mol/L 的乙酸钠溶液或双蒸消毒水中，-80℃ ~ -70℃ 保存。若以焦碳酸二乙酯（diethyl pyrocarbonate，DEPC）水溶解 RNA 或者在 RNA 溶液中加入 RNA 酶阻抑蛋白（RNasin）或氧钒核糖核苷复合物（vanadyl-ribonucleoside complex，VRC），则可通过抑制 RNA 酶对 RNA 的降解而延长保存时间。另外，RNA 沉淀溶于 70% 的乙醇溶液或去离子的甲酰胺溶液中，可于 -20℃ 长期保存。其中，甲酰胺溶液能避免 RNase 对 RNA 的降解，而且 RNA 极易溶于甲酰胺溶液，其浓度可高达 4mg/mL。需要注意的是，这些所谓 RNA 酶抑制剂或有机溶剂的加入，只是一种暂时保存的需要，如果它们对后继的试验研究与应用有影响，则必须予以去除。由于反复冻融产生的机械剪切力对 DNA 与 RNA 核酸样品均有破坏作用，因此在实际操作中，核酸的小量分装是十分必要的。

3. 核酸的应用

分离纯化的核酸样品，既可用于核酸本身功能与性质的研究，亦可利用其功能与性质进行广泛的应用，如基因工程与蛋白质工程均以核酸分子作为原始材料。可以说，目前包括聚合酶链反应、核酸的分子杂交，以及 DNA 重组与表达技术在内的绝大多数分子生物学技术，都是以核酸分子为处理对象，利用核酸分子的碱基配对原理与核酸的一种或多种酶修饰性进行的。绝大多数分子生物学技术，实质上都是对 DNA 和 RNA 的分析。没有核酸的分离与纯化，分子生物学技术就没有研究与应用的基础。

三、核酸提取仪的人员使用和登记管理

（一）人员管理要求

实验室应配备足够的人力资源以满足实验室生物安全管理体系的有效运行，并明确相关部门和人员的职责。

实验室应建立工作人员准入及上岗考核制度，所有与试验活动相关的人员均应经过培训，经考核合格后取得相应的上岗资质。

实验室或者实验室的设立单位应每年定期对工作人员培训（包括岗前培训和在岗培训），并对培训效果进行评估。

实验室应保证工作人员充分认识和理解所从事试验活动的风险。实验室工作人员应在身体状况良好的情况下进入试验区工作。若出现疾病、疲劳或其他不宜进行试验

活动的情况，不应进入试验区。

实验室活动人员及维保人员评估表参见表2-14。

表2-14　实验室活动人员及维保人员评估表

项目	结论
专业及生物安全知识、操作技能	合格□　不合格□
对风险的认知	合格□　不合格□
心理素质	合格□　不合格□
生物安全培训考核	合格□　不合格□
意外事件/事故的处置能力	合格□　不合格□
健康状况	合格□　不合格□
对外来试验人员安全管理及提供的保护措施	合格□　不合格□

（二）人员使用和登记管理

在使用核酸提取仪时，应及时做好试验过程、仪器状况、环境监测情况等记录，并填写记录表。核酸提取仪使用记录参见表2-15。

表2-15　核酸提取仪使用记录

检验日期：	检验项目：
试验前准备：	
□试验用试剂在有效期内	□核酸提取仪在校准的有效期内
□生物安全柜在检测有效期内（不宜放在生物安全柜中操作）	□消毒溶液在有效期内
□一次性耗材已经经过质检合格	操作者：
试验前：	
□打开通风设备	□试验台面及仪器表面清洁
□试验室温度：℃	□相对湿度：　　　%
操作者：	
试验中：	
核酸提取仪起动、自检及联机情况	□正常　□不正常
核酸提取过程：按核酸提取仪使用SOP进行	
核酸提取仪异常情况记录：	
操作者：	
试验后：	
□清洁实验室台面、地面及仪器设备，并进行紫外线照射30min以上 □处理实验室废弃物 □仪器按照SOP要求关机	
操作者：	

四、核酸提取仪的日常维护保养

实验室应有对设施设备（包括个体防护装备）管理的政策和运行维护保养程序，包括设施设备性能指标的监控、日常巡检、安全检查、定期校准和检定、定期维护保养等。

实验室要按照仪器说明书和相关的法律法规的要求，对核酸提取仪和实验室进行日常维护保养和专项维护保养。

（一）仪器的日常维护

日常维护要时刻保持仪器无灰尘和液体残留。建议不要使用烈性清洁剂，会导致仪器表面涂层的破坏。建议定期清洁仪器，用布蘸取 75% 乙醇或者温和的清洁剂擦拭即可。若仪器沾有盐溶液、有机溶剂、酸碱溶液，则要立即擦拭掉，以保护仪器免受损坏。仪器涂层表面用实验室常规的清洁剂就可清洗，只要按照试剂的使用说明稀释适当比例即可。千万不要将涂层表面长期暴露于强酸及高纯度乙醇中。仪器触摸屏要用温和的实验室净化剂清洗。塑料试验仓门和表面用乙醇或者温和的实验室清洁剂清洗。如果仪器表面被有毒生物试剂污染，只能用温和的杀菌溶液清洗，不要高压消毒仪器的任何部分。

试验结束，使用 75% 乙醇清洁试验仓，并开启紫外线灯照射 30min 以上进行消毒。应将日常维护项目及维护情况及时在试验记录表中登记。

（二）试验环境的维护

需对实验室环境进行清洁，消除可能的核酸污染。

1）实验室空气清洁。实验室每次检测完毕后，可采用房间固定和/或可移动紫外线灯进行紫外线照射 2h 以上。必要时可采用核酸清除剂等试剂清除实验室残留核酸。

2）工作台面清洁。每天试验后，使用 0.2% 含氯消毒液或 75% 乙醇进行台面、地面清洁。

3）生物安全柜消毒。试验使用后的耗材废弃物放入医疗废物垃圾袋中，包扎后使用 0.2% 含氯消毒液或 75% 乙醇喷洒消毒其外表面。手消毒后将垃圾袋带出生物安全柜放入实验室废弃物转运袋中。试管架、试验台面、移液器等使用 75% 乙醇进行擦拭。随后关闭生物安全柜，紫外线灯照射 30min。

4）转运容器消毒。转运及存放标本的容器使用前后需使用 0.2% 含氯消毒液或 75% 乙醇进行擦拭或喷洒消毒。

5）塑料或有机玻璃材质物品清洁。使用 0.2% 含氯消毒液、过氧乙酸或过氧化氢擦拭或喷洒。

6）一次性耗材使用后的处理。对污染性耗材的丢弃应遵循当地相应的法律法规。样品可能具有潜在的污染性。所有使用过的深孔板、试剂条、移液器的枪头、一次性手套、磁棒套、口罩等，作为生物危害类废品丢弃。

7）应将实验室环境的项目及维护情况及时在试验记录表中登记。

（三）仪器的定期维护

1）核酸提取仪必须保存在正常气压下，环境温度和湿度适宜的环境中。避免存放在有腐蚀性气体的环境中。

2）核酸提取仪使用过程中不能堵住仪器的进风口，要保持仪器通风和散热良好，避免因空气不足或温度过高导致仪器故障或死机。

3）操作人员不能擅自打开核酸提取仪。更换元件或进行机内调节都必须由持证的专业维修人员完成。严禁在电源未阻断的情况下更换元件。

4）出现有液体洒落进仪器控制部分，仪器控制部分经雨淋或水浇，仪器出现不正常的声音或气味，仪器掉落或外壳受损等情况时，必须立即拔掉电源插头，由供应商或维修人员进行处理。

5）应做好设备保养/维修监测记录，并填写记录表，见表 2-16。

表 2-16　核酸提取仪设备保养/维修监测记录表

设备名称		保养时间	
保养内容：			
保养人员		下次保养时间	
确认人员			
备注：(记录异常情况等)			

（四）仪器的彻底消毒

核酸提取仪在进行搬迁、维修、报废等处置前，需要进行彻底的消毒。

第四节　核酸提取仪的风险管理

一、风险管理概述

风险管理是指用于分析风险、评价和控制风险的管理方针、程序及其实践的系统运用。风险管理包括 3 个基本过程，分别是风险分析、风险评价、风险控制及降低，每个过程包括相应的风险管理活动。在核酸提取仪的质量控制中，结合仪器的开发设计、生产和下游应用等环节，应采取必要的风险管理措施，全面、经济、合理地评估风险来源，制订出避免风险、降低风险导致不良事件的程序并形成风险控制文件。

核酸提取仪在生命科学、医学和化工等研究领域有着广泛的应用，既可以作为基础研究核酸纯化试验的工具，也可以作为医疗器械，用于体外诊断和疾病筛查等应用领域。核酸提取仪作为医疗器械使用时的风险管理，可参考 YY/T 0316—2016 及 ISO 14971：2019 等标准。核酸提取仪的风险管理程序流程如图 2-17 所示。

二、风险来源分析

风险分析是风险管理过程中的重要环节，包括风险因素识别、风险所产生危害的

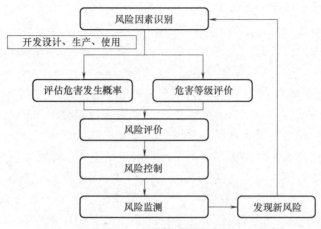

图 2-17 风险管理程序流程

等级评价、风险发生概率评估等过程，可为后续风险评价提供必要的参考信息。核酸提取仪的风险因素识别贯穿于设计、开发、生产和使用各个环节，其风险来源主要包括产品设计及仪器异常导致的风险，以及核酸提取仪使用前、中、后各阶段的风险。

（一）核酸提取仪的设计及自身固有属性可能导致的风险来源

核酸提取仪的设计开发过程中，受使用场景、技术条件和工艺水平等因素影响，可能会存在设计单一、与实际应用匹配较差的情况，导致核酸提取仪使用效果不佳的风险发生。另外，核酸提取仪的仪器部件及使用材料多样，不可避免地面临生物相容性、放射性、微生物污染、降解等问题；核酸提取仪作为电器设备，也涉及电离辐射、磁场、放射性、高温等潜在风险因素。

（二）核酸提取仪使用前、中、后各阶段的风险来源

核酸提取仪主要解决大量样本核酸纯化试验快速、稳定完成的问题，在快速核酸提取的过程中广泛使用。核酸提取仪使用前的风险主要包括样本管理不当、样本前处理方法选择不当两类情况；在使用核酸提取仪时，仪器故障、人员操作错误、核酸提取方法错误是导致风险发生的主要原因；在核酸提取试验完成后，标本灭菌不当、气溶胶清除不及时导致交叉污染是风险的主要来源。

1. 样本管理的风险来源

样本管理主要包括样本采集、运输和保存三方面工作。样本采集在核酸纯化试验成功完成中是至关重要的，影响样本采集的因素包括采样部位是否准确、样本的采集量、采样的耗材、采样人员的操作，以及采样环境和设备。如果没有 SOP 的建议，上述因素或多或少都会成为影响核酸提取试验顺利完成的风险，而且这些因素存在的风险并非能够轻易发现，需要依靠体系管理来解决。针对不同的应用场景、不同的样本类型和试验目的，其样本采集后的保存及运输方式也存在很大区别。因为处于核酸提取及下游试验的起始环节，样本采集、运输和保存可能是导致试验失败风险比较高的因素。

以医疗样本核酸检测应用场景为例，常见的样本类型包括组织、血液、体液、拭子、粪便、毛囊石蜡切片、干血斑等。在拭子样本的采集过程中，采集部位的准确性、采集手法和采集人员的经验的差别均可能导致下游检测试验结果出现偏差，甚至出现假阴性或假阳性。如果要进行病原微生物（metagenomics next generation sequencing，mNGS）检测等高灵敏度的检测试验，采样时所使用耗材的洁净度也是至关重要的。如果存在背景核酸或背景菌，都会成为影响试验数据准确性的风险因素。采集样本为血液时，采血管的使用不当也是导致下游试验失败的风险因素。此外，完成样本采集后的样本来源信息记录是否翔实可追溯，也是需要把控的风险因素。

为确保核酸提取下游试验的顺利开展，合适的样本采集量是试验结果客观准确的重要保证。尤其是在核酸检测试验中，样本采集量过少可能导致核酸提取试验失败，进而导致下游检测结果出现假阴性，或者样本需要复检时，因为保留的样本量不足而无法开展复检试验。样本采集量过大，可能导致核酸提取的样本起始量过高，而导致样本裂解效果差影响所提取核酸的质量，最终影响检测结果。ISO 15189：2022《医学实验室 对质量和能力的要求》指出：实验室应定期评审血液、尿液、其他体液、组织和其他类型标本的采集量，以确保采集量符合下游试验要求。

在实际的应用过程中，样本采集与核酸提取试验并非连续进行的。当完成样本采集后，样本的运输与保存是必要的流程，也是风险控制的重要环节之一。在样本运输的过程中，必须控制因样本运输的环境温度异常而导致核酸降解的风险发生；与此同时，样本采集后保存的容器也应密封，避免造成运输过程中样本丢失、损失或样本间交叉污染，甚至影响公共卫生安全。完成样本采集后进行样本保存时，我们应结合所提取核酸的类型及下游应用试验，选择恰当的样本保存方式，避免因保存方法不当而导致所提取核酸不能满足下游试验要求的风险因素。

2. 样本前处理的风险来源

样本前处理是指在进行核酸提取试验前对样本进行灭活处理、离心及样本充分破碎等操作，目的是安全地获得可用于下游试验的目标核酸。当样本源于疑似感染部位时，要先进行灭活处理。如果是痰液样本，由于其黏性较高，灭活后还应进行液化处理；对于血液样本，应根据后续检测需求判断是否通过离心进行血浆分离操作；针对组织样本及难破碎样本，液氮研磨或均质破碎也是提取目标核酸的有效措施。

3. 核酸提取仪使用不当的风险来源

核酸提取仪出厂后的运输、安装、使用等过程，都可能存在使用不当的风险。虽然核酸提取仪的结构相对简单，但是运动部件的位置校准及温控单元的控温准确性要求较高，在运输过程中必须做好减振处理，以防止运输中的剧烈冲击和振动，并做好防潮、防雨的措施。核酸提取仪在安装前，须评估使用环境的电磁水平、温度、湿度、安装位置的平整度、供电安全性和稳定性，并远离热源。安装后，应开机自检各部件连接是否正常，通过 DEMO（演示）判断仪器操作是否达标。使用核酸提取仪时的风险来源包括所采用的核酸提取试剂及耗材是否与仪器匹配、是否在规定的使用年限，仪器运行时的电压电流是否符合仪器的运行要求，以及仪器清洁消毒时是否按照仪器操作规范进行合规处理。

4. 人员操作不当引入的风险来源

使用核酸提取仪进行核酸提取试验时，人员操作不当也可能成为风险来源。除前面所述安装不当和耗材不匹配等情况之外，核酸提取试剂的板位放置错误会导致仪器运行过程中报错；未放置磁棒套也可能会导致仪器磁棒污染，使磁棒磁性减弱；所选择提取程序、试剂和样本不匹配，也是导致核酸提取试验失败的原因；在提取试验过程中发生试剂溢撒，如果清理不及时，则可能导致仪器表面被腐蚀，影响仪器寿命；核酸气溶胶未及时清理，则容易导致样本之间污染；操作人员的自我防护缺失容易导致危害人身安全的风险发生。

三、管理并降低风险

按照核酸提取仪风险管理的基本流程，在完成风险源识别后，要根据风险所导致危害的严重程度和危害发生的概率两项指标进行风险评价并建立风险评价准则，明确不可接受区、可接受区和最低合理可行水平区。经过风险评价后进行改进或实施控制措施，以再次评估所剩余风险是否在可接受区，是否满足风险管控要求。通常来讲，采取风险管理措施后，全部剩余的风险应尽可能控制在可接受区水平；不允许有不可接受区的存在，处于最低合理可行水平区的风险数量视情况而定。

（一）核酸提取仪的设计及自身固有属性可能导致的风险控制

核酸提取仪生产销售单位应做好生产及售出后的风险管理，建立收集、评审系统和处理机制，同时也应参照新的或修订的标准，跟进最新技术水平因素并将其应用的可行性考虑在内。上述信息收集通常可从质量管理体系中得到，相关信息的获取方法和责任部门可参照表 2-17。

表 2-17　生产和生产后信息的获取方法和责任部门

生产和生产后信息	获取方法/时机	责任部门
法规（如标准）的变化	定期网上收集	体系负责部门
不良事件（内部、外部）	定期网上收集，不良事件报告	体系负责部门
通告/召回	按通告/召回流程	设计部门、质量管理部门
监管部门监督抽查	定期网上收集，监督抽查报告	质量管理部门
客户退货（顾客报怨）信息	客户信息汇总，调查（分析）和评审结果	营销管理部门
设计更改	设计更改评审 FMEA（失效模式与影响分析）或风险评估	设计部门、质量管理部门
采购产品的质量情况	来料检验及质量情况分析 供应商 8D 报告	质量管理部门
制造过程的问题	纠正/预防措施	制造部门
产品贮存过程的监视结果	按要求对贮存环境监视	仓库管理部门

相关人员在收到信息后，及时与风险管理负责人沟通，风险管理负责人将视具体情况召集风险管理小组，执行相关的风险管理活动（见图2-18）。

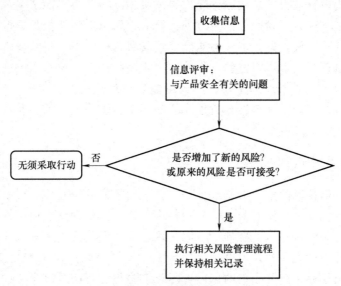

图2-18 生产后信息获取及风险评估管理流程

对分析结果可能涉及安全性的信息，评价是否存在下列情况：

是否存在以前没有认识到的危害或危害处境出现，或是否有危害处境产生的一个或多个估计的风险不再是可接受的。当上述任何情况发生时，一方面，对之前实施的风险管理活动的影响进行评价，作为一项输入反馈到风险管理过程中，并且对核酸提取仪的风险管理文档进行评审。如果评审的结果可能有一个或多个剩余风险或其可接受性已经改变，那么对先前实施的风险控制措施的影响进行评价，必要时进一步采取措施以使风险可接受。另一方面，应根据前面分析和评审结果，寻找产品改进方向，重复和完善适当的风险管理过程，修改相应的风险管理文档和风险管理报告。

（二）核酸提取仪使用前、中、后各阶段的风险控制

1. 样本管理的风险控制

结合已识别样本管理中的风险源，采取对应的风险控制措施是可以有效控制风险发生的。核酸提取下游试验的类型多样，在开展具体的核酸提取项目之前，明确项目对样本管理的具体要求并对相关人员进行培训考核。在保存前对样本状态进行复核反馈，保证进入后续流程的样本符合项目要求。一般可参照所在研究领域的核酸提取前样本管理SOP进行样本管理，如所采集样本用于mNGS检测，样本通常来源于患者感染部位，采集样本时应遵循以下原则：

1）无菌体液须严格按照无菌操作采集样本，采集前须对局部或周围皮肤进行消毒处理，一般采集两管样本用于后续试验，所采集样本置于无菌容器中。

2）对于有菌部位的样本，如痰液、肺泡灌洗液、咽拭子等，应标明样本的采集部位，在样本采集过程中，应尽量避免引入该部位的正常菌群，以免干扰后续检测结果，并尽可能避免冻融环节。对于不能及时送检的样本，应按照前述各个标本的相应要求进行保存。如所采集样本为静脉血，下游为游离核酸检测应用领域，样本采集和前处理建议采用含细胞稳定剂的抗凝管，如 Streck 采血管等游离核酸专用采血管，实验室也可根据实际情况选择合适的采血管。根据检测要求采集适量的外周血，一般为 10mL，采血后轻柔颠倒 8 次~10 次，使保存液和血液充分混合，避免凝血或溶血发生。血液离体后应尽快送至检测实验室。实验室应根据实际情况制定保存运输时限及温度要求。建议采用两步离心法分离血浆，第一步：2℃~8℃，1600g~1900g 离心 10min，将上清转移至新的离心管中；第二步：2℃~8℃，16000g~20000g 离心 10min，转移上清至新离心管。分离血浆可直接抽提 ctDNA，或保存于−80℃至使用时，保存过程中应避免反复冻融。样本制备与质控临床上目前常用的 cfDNA（循环核酸）提取方法有离心柱法和磁珠法，应根据检测要求选择合适的方法。提取的核酸应在 2℃~8℃下储存且不超过 24h；若超过 24h，建议在−30℃~−15℃下储存，并避免反复冻融。

2. 核酸提取仪的用电风险管理

1）在使用核酸提取仪时，为了避免触电事故，仪器的输入电源线必须可靠接地。一般仪器使用的是三芯插头，只能配合此型号电源插座使用。

2）在连接交流电源之前，要确保电源的电压与仪器所要求的电压一致（允许 ±10%的偏差），并确保电源插座的额定负载不小于仪器的要求。

3）配套仪器使用的电源线通常应使用随机附带的电源线。如果电源线破损，必须更换不许修理。更换时必须使用相同类型和规格的电源线代替。在使用时电源线上不要放任何物品，也不要将电源线置于人员走动的地方。

4）电源线插拔时一定要手持插头，插头插入时应确保插头完全插入插座，拔出插头时不要硬拉电源线。手湿勿碰触电源插头与开关。若发现漏电，应立即切断电源，停止使用。

3. 核酸提取仪的仪器安放风险管理

1）仪器应按照要求安放在湿度较低、灰尘较少并远离水源（如水池、水管等）的地方，室内应通风良好，不要摆放在阳光直射的地方，并要远离暖气、炉子及其他热源，无腐蚀性气体或强磁场干扰。长时间不使用时，应拔下电源插头，并用软布或塑料袋盖上仪器以防止灰尘进入。

2）仪器上的开口都是为了通风散热而设的，为了避免温度过高，不要阻塞或覆盖这些通风散热孔。仪器运行时，仪器前、后面的通风散热孔与最近物体的距离应不小于 25cm。另外，不要在松软的表面上使用仪器，否则会影响仪器底部的通风散热。环境温度过高，会影响仪器的性能或引发故障，还有并发火灾的风险。

4. 实验室环境及操作人员安全管理

安放仪器的房间应保持良好通风，避免实验室有气溶胶污染。操作危险样品时，操作人员应注意自我保护，避免接触危险样品。妥善处置所用样本及试剂材料，彻底清洗并消毒所用操作台面。所使用的器皿、加样器等均应为专用，离心管、枪头等一次性耗材应进行高压灭菌。操作人员应戴无粉手套、口罩等。如涉及挥发性试剂或有毒的样品，应在通风橱等仪器中进行操作。

综上所述，将医疗质量管理体系与核酸提取仪的风险管理相结合，通过对核酸提取仪从设计、开发、生产和使用各环节的风险分析，评估核酸提取仪在使用过程中的潜在隐患，规范核酸提取仪的管理是非常重要的。随着分子生物学技术的不断发展，以核酸提取为基础的诸如分子育种、核酸检测分子诊断等应用领域产业呈规模化发展，在提升分子育种和分子诊断速度的同时，也对风险控制提出了更高的要求。控制核酸提取仪应用过程中可能带来的风险，要结合核酸提取仪的实际应用场景，建立符合实际的风险管控计划，敦促使用人员梳理良好的风险控制意识，有效合理使用核酸提取仪完成目标样本的核酸提取，确保核酸提取下游应用的顺利进行。

常用核酸提取仪的性能与操作 3

目前，国内的全自动核酸提取仪以磁珠法为主流反应原理，混匀模式主要有旋转混匀、振荡混匀、移液头吹打混匀和磁头运动混匀几种方式。在研发团队的不断努力下，仪器的精密度和灵敏度也在不断提升。本章汇集了以国有品牌为主的多家知名企业，分别从全自动核酸提取仪的性能和操作进行了详细介绍，为相关仪器研发提供了参考数据和研发目标，也为医疗机构及检测实验室等提供了选用依据。全自动核酸提取仪部分性能指标及认证情况见表 3-1。

第一节 西安天隆核酸提取仪

一、仪器的性能

（一）仪器简介

GeneRotex 96 型全自动核酸提取仪基于磁珠法原理，采用旋转式核酸提取技术，通过旋转混匀、负压 HEPA（高效空气过滤器）、紫外线消毒等实现防污染功能；适用样本类型：血清、血浆、全血、拭子、羊水、粪便、组织灌洗液、动植物组织、石蜡切片、细菌、真菌等；不同类型样本核酸提取时间不同，为 10min～30min；可应用于疾病防控、动物检疫、临床诊断、出入境检验检疫、食品和药品监督管理、法医、教学及科研等领域。

（二）性能评价

1. 精密度

浓度为 $1 \times 10^4 \mathrm{IU/mL}$ 和 $1 \times 10^2 \mathrm{IU/mL}$ 的 HBV 阳性样本，分别批量提取 20 次后，采用超高敏试剂在 Gentier 96E 仪器上分析，CV 值均小于 1%。批量提取精密度验证结果如图 3-1 所示（$1 \times 10^2 \mathrm{IU/mL}$ 低浓度），批量提取精密度验证结果如图 3-2 所示（$1 \times 10^4 \mathrm{IU/mL}$ 高浓度）。

表 3-1 全自动核酸提取仪部分性能指标及认证情况

企业名称	仪器型号	反应原理	混匀模式	处理体积/μL	最快单次提取时间/（min/次）	最大单次提取数量/（个/次）	产品认证
西安天隆科技有限公司（简称西安天隆）	GeneRotex 96	磁珠法	旋转混匀	30～1000	10	96	陕西械备 20150054 号
上海之江生物科技股份有限公司（简称之江生物）	Autra9600 Plus	纳米磁珠法	振荡混合，多模式多速度可调	10～1000	12	96	二类国家医疗器械认证
天根生化科技（北京）有限公司（简称天根生化）	TGuide S96	磁珠法	多档可调振动速度、溶液体积自适应振动幅度，振动体积根据溶液体积自动调整	20～1000（标准 96 通量模块），50～5000（大体积 24 通量模块）	25～65	96	一类医疗器械备案
广州达安基因股份有限公司（简称达安基因）	Stream SP96	磁珠法	上下振荡	20～1000	17	96	一类医疗器械备案
江苏硕世生物科技股份有限公司（简称江苏硕世）	SSNP-9600A	磁珠法	振荡混合，多模式多档速度可调（>20 档）	20～1000	9	96	苏泰械备 20200158；CE 认证
罗氏诊断产品（上海）有限公司（简称罗氏诊断）	MagNA Pure 96	磁性玻璃颗粒技术	移液头吹打混匀	50～4000	30	96	CE-IVD（欧盟体外诊断医疗器械认证、FDA（美国食品药品监督管理局）认证、NMPA（国家药品监督管理局）认证
圣湘生物科技股份有限公司（简称圣湘生物）	Natch CS2-S13A	磁珠法	全向流体涡旋混匀	50～1000	一步法:40 磁珠法:90	96	二类医疗器械备案、CE 认证等
上海伯杰医疗科技股份有限公司（简称上海伯杰）	BG-Abot-96	磁珠法	振荡混合，多模式多档可调	20～1000	13	96	ISO 9001 和 ISO 13485 双认证
杭州博日科技股份有限公司（简称杭州博日）	NPA-96	磁珠法	护套振荡；HFS（高频振荡）模块	10～1000	10	96	NMPA、CE 认证等
山东博弘基因科技有限公司（简称山东博弘）	BNP96	磁珠法	振荡混合	60～1000	8	96	CE 认证
深圳华大智造科技股份有限公司（简称:华大智造）	MGISP-NE384	磁珠法	上下振荡混合	20～1000	15	384	NMPA、CE 认证
中元汇吉生物技术股份有限公司（简称中元汇吉）	EXM6000	磁珠法	振荡混匀	20～1000	12	96	NMPA、CE 认证
赛默飞世尔科技（中国）有限公司（简称赛默飞世尔）	KingFisher Flex	反向磁珠处理技术	磁头上下运动使液体混匀	20～5000	15	96	NMPA 认证

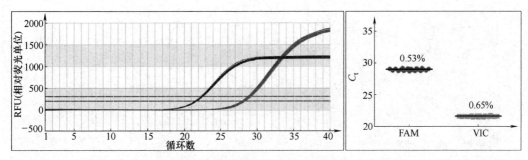

图 3-1　批量提取精密度验证结果（$1×10^2$ IU/mL 低浓度）

注：FAM 和 VIC 是核酸检测中使用的荧光通道。

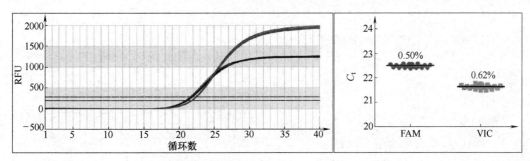

图 3-2　批量提取精密度验证结果（$1×10^4$ IU/mL 高浓度）

2. 灵敏度

浓度为 5 IU/mL 的 HBV 稀释样本，采用 GeneRotex 96 分别重复提取 20 次后，在 Gentier 96E 依次分析，检出率为 20/20，即 100%。灵敏度验证结果如图 3-3 所示。

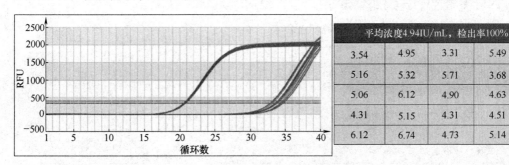

平均浓度4.94IU/mL，检出率100%			
3.54	4.95	3.31	5.49
5.16	5.32	5.71	3.68
5.06	6.12	4.90	4.63
4.31	5.15	4.31	4.51
6.12	6.74	4.73	5.14

图 3-3　灵敏度验证结果

3. 线性

1）以 4 倍浓度梯度稀释 ASFV（非洲猪瘟）阳性样本，分别经 GeneRotex 96 提取后在 Gentier 48E 上扩增分析，得到理论值与实际值之间的线性相关性 $R^2 > 0.999$。ASFV 稀释样本提取线性关系如图 3-4 所示。

2）以 10 倍浓度梯度稀释 HBV 阳性样本，浓度范围为 $1×10^2$ IU/mL ~ $1×10^6$ IU/mL，分别经 GeneRotex 96 提取后在 Gentier 96E 上扩增分析，得到 $R^2 > 0.999$。HBV 稀释样本提取线性关系如图 3-5 所示。

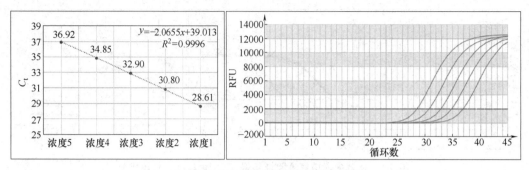

图 3-4　ASFV 稀释样本提取线性关系

注：x 是浓度对数；y 是 C_t 值。

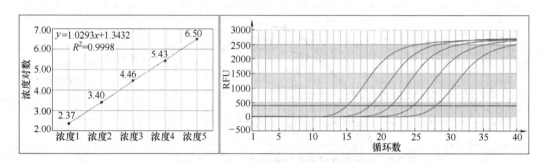

图 3-5　HBV 稀释样本提取线性关系

3）以 5 倍浓度梯度稀释新冠康彻思坦质控品，浓度范围为 20 拷贝/mL～12500 拷贝/mL，分别经 GeneRotex 96 提取后在 Gentier 96E 上扩增分析，得到 $R^2 = 0.999$。新冠稀释样本提取线性关系如图 3-6 所示。

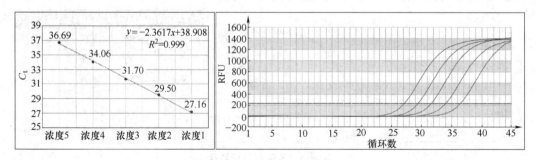

图 3-6　新冠稀释样本提取线性关系

4. 交叉污染

浓度为 $1 \times 10^7 \, \text{IU/mL}$ 的强阳性 HBV 样本和阴性对照交叉分布由 GeneRotex 96 提取（见图 3-7），提取过程无交叉污染，交叉污染测试结果如图 3-8 所示。

（三）核酸提取原理

该仪器利用试验仓磁棒架上的磁棒，将吸附有核酸的磁珠移动至不同的试剂孔内，

孔位	第1列	第2列	第3列	第4列	第5列	第6列	第7列	第8列	第9列	第10列	第11列	第12列
A	3.35×10^7	—	3.47×10^7	—	2.99×10^7	—	3.29×10^7	—	3.39×10^7	—	3.47×10^7	—
B	—	3.35×10^7	—	3.09×10^7	—	3.43×10^7	—	3.15×10^7	—	3.31×10^7	—	3.17×10^7
C	3.24×10^7	—	3.22×10^7	—	3.59×10^7	—	3.31×10^7	—	3.24×10^7	—	3.01×10^7	—
D	—	3.17×10^7	—	3.22×10^7	—	3.35×10^7	—	3.09×10^7	—	3.49×10^7	—	3.45×10^7
E	3.18×10^7	—	3.39×10^7	—	2.73×10^7	—	3.53×10^7	—	3.22×10^7	—	3.09×10^7	—
F	—	3.31×10^7	—	3.28×10^7	—	3.33×10^7	—	3.04×10^7	—	3.43×10^7	—	3.02×10^7
G	3.01×10^7	—	3.39×10^7	—	3.51×10^7	—	3.28×10^7	—	3.24×10^7	—	3.43×10^7	—
H	—	3.43×10^7	—	3.26×10^7	—	3.55×10^7	—	3.17×10^7	—	3.02×10^7	—	3.08×10^7

图 3-7　交叉分布图

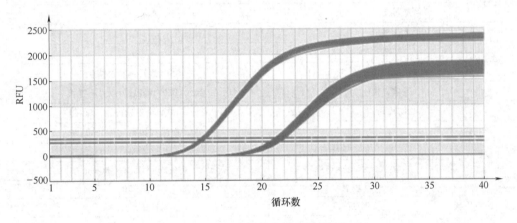

图 3-8　交叉污染测试结果

使用搅拌套反复快速搅拌液体，使液体与磁珠均匀地混合，经过细胞裂解、核酸吸附、洗涤与洗脱，最终是得到高纯度核酸（见图 3-9）。

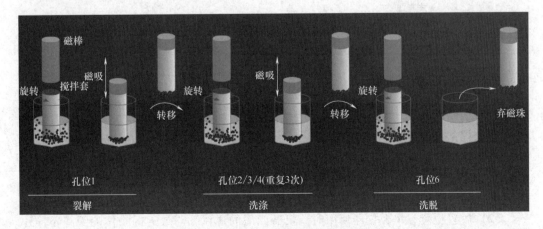

图 3-9　核酸提取原理图

（四）仪器的技术要求与安装要求

1. 仪器的技术要求（见表 3-2）

表 3-2　仪器的技术要求

要求		内容
功能		实现样本的核酸提取功能
每次通量/每小时通量		1~96/384
板位		6
使用耗材		单条 6 联管、96-深孔板、搅拌套
使用试剂		可使用各种磁珠法核酸提取试剂
处理体积		30μL~1000μL
混匀模式		旋转混匀
屏幕尺寸		7in(1in=2.54cm)
声音提示		有
照明		—
接口		USB(通用串行总线)
通信方式		网口:TCP/IP 协议,以太网连接
防污染		负压 HEPA,内置紫外线消毒模块
电源		AC(交流)220V,50Hz,600VA
产品外形	整机质量	45kg
	整机尺寸(长×宽×高)	490mm×510mm×480mm
使用环境	环境温度	10℃~30℃
	相对湿度	≤80%,无冷凝
	海拔	4000m 以下
运输环境	环境温度	-40℃~55℃
	相对湿度	0%~93%
温控范围		室温~120℃
温控精度		±0.2℃
提取孔间差		$CV<3\%$
磁珠回收率		>98%
运行噪声		≤65dB
使用寿命		5 年
产品认证		备案号:陕西械备 20150054 号

2. 仪器的安装要求

（1）仪器安装环境　该仪器应放置在湿度较低（相对湿度≤80%）、温度适中（环境温度范围为 10℃~30℃）的室内使用。应保持室内通风良好，空气洁净、干燥、少灰尘，无烟雾和粉尘，无腐蚀性、爆炸性气体。

（2）放置位置　单台仪器使用时，仪器四周的通风孔与最近的物体的距离不应小于 30cm。多台仪器同时使用时，各台仪器之间的距离不小于 60cm。

二、仪器的操作

（一）仪器开展的检测项目

可处理血清、血浆、全血、拭子、羊水、粪便、组织灌洗液、组织、石蜡切片、细菌、真菌等多种样品类型，广泛应用于疾病防控、动物检疫、临床诊断、出入境检验检疫、食品和药品监督管理、法医、教学及科研等领域。目前临床主要应用为传染病病原体的检测、遗传病的诊断、肿瘤标志基因检测等。

（二）操作规程

1. 操作流程

1）打开全自动旋转式核酸提取仪背面的电源开关，仪器起动并发出两声短鸣，同时仪器操作屏将变亮并显示自检界面，随后仪器开始自检并开始设备初始化。

2）初始化完成后，在系统软件主界面单击"扫描"按钮，弹出扫描二维码对话框，用户可以使用扫码枪扫描试剂盒包装上的二维码，仪器系统软件将会自动录入试剂盒信息，并调用相应试验程序（见图3-10）。

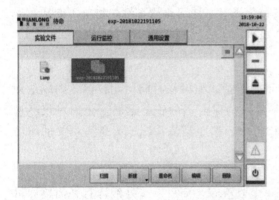

图3-10　开启程序界面

3）在96-深孔板的第1、7列孔位中加入蛋白酶K和样品，在2、8列有效孔位放入搅拌套，单击■打开试验仓，将96-深孔板按图3-11所示位置（注意缺口朝向）妥善放置试验仓内，再次单击■关闭试验仓，单击▶运行试验，仪器开始运行试验（见图3-11）。

4）试验运行完毕后，仪器将提示试验结束，将96-深孔板第6、12列孔位中的提取产物吸出放置于试管中，进行后续试验。

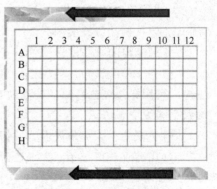

图3-11　试验运行界面

2. 试验前准备

1）人员要求：具备分子实验室工作经验。

2）仪器要求：试验前对仪器进行消毒，通电仪器状态良好。

3）试剂要求：试验前将试剂颠倒混匀，防止磁珠凝结。

4）环境要求：保持试验环境洁净、整洁。

5）样本类型：可处理全血、血清、拭子等样本。

3. 注意事项

1）不要在通电时或仪器运行过程中对仪器进行清洁或维护。

2）不要将清洁剂直接喷在仪器上，这可能会引起电子设备的故障。

3）乙醇为易燃、易挥发性液体，暴露接触会刺激眼睛、皮肤和呼吸道，并可能导致中枢神经系统机能减退和肝脏损伤。使用乙醇清洁时，应穿戴合适的保护眼罩、衣服和手套。

4）仪器运行过程中，试验仓内加热条可能处于高温。在对仪器进行清洁或维护之前，应等待加热条温度降至室温，以免发生烫伤。

5）所有液体样本均应视为潜在性生物危害样品进行处理及操作。如果液体样品溢出或飞溅，应立即取用适当的消毒剂进行消毒，以避免污染物扩散，污染仪器或对实验室人员造成伤害。

6）切勿在未采取任何安全防护措施的情况下，对任何有潜在性生物危害的样品进行处理及操作。

（三）维护保养

仪器在常规使用的情况下，不需要大量的维护。如果长时间使用仪器，则应定期（每隔一个月）对仪器进行清洁和少量维护，以确保仪器的正常运转。正确对仪器进行维护及清洁保养，有助于延长仪器的使用寿命。按照具体情况，分别有不同的清洁方法以及需要特别注意的事项。

1. 试验正常结束后的维护保养

正常试验完成后，若试验仓内干净无灰尘或液滴，只需将紫外线灯打开消毒即可（紫外线消毒时间为试验前 40min，试验后 30min）。

（1）清洁仪器外壳及显示屏

1）关闭仪器并拔掉电源线。

2）使用潮湿的软布清洁仪器外壳，必要时可使用温和的清洁剂清洁仪器外壳。

3）使用干燥的软布轻轻擦拭屏幕，以清除屏幕上的灰尘、油或指纹。如果屏幕仍不干净，可用异丙醇或乙醇浸湿的软布轻轻擦拭屏幕。

（2）清洁试验仓

1）打开试验仓，关闭仪器，并拔掉电源线。

2）使用蘸有 SDS 溶液、75%乙醇或肥皂水的潮湿脱脂棉或棉布对试验仓中孔板放置区域、基板和磁棒、磁棒架、搅拌套支架进行清洁。

3）仪器长期不使用时，应拔掉电源插头并防止灰尘进入仪器。为确保仪器性能稳定，建议每隔 30 天开启仪器、放置耗材并选择试验程序空运行一次。

GeneRotex 96 全自动核酸提取仪月度维护保养记录表（例）见表 3-3。

表 3-3　月度维护保养记录表（例）

GeneRotex 96 全自动核酸提取仪　_____ 月维护保养记录表

检查/维护项目	1	2	3	4	5	6	7	8	9	10	11	12	13	14	15	16	17	18	19	20	21	22	23	24	25	26	27	28	29	30	31
日维护保养 检查仪器外观清洁，无明显缺陷																															
检查试验仓门开关正常																															
检查磁棒架及磁棒完好，磁棒没有倾斜																															
检查搅拌套架完好																															
检查触摸屏开机显示正常，无损坏																															
紫外线照射试验仓 30min 以上																															
操作员																															
日期	年 月 日				年 月 日				年 月 日				年 月 日				年 月 日				年 月 日				年 月 日				年 月 日		
周维护保养 使用75%乙醇棉签擦拭试验仓内部（关机状态下）																															
检查加热模块加热正常																															
备注																															
操作员																															
月维护保养 使用干抹布清洁仪器外表面																															
用毛巾蘸取75%无水乙醇擦拭其紫外线灯管（关机状态）																															
统计紫外线灯管使用时间（寿命5000h），必要时更换灯管																															
备注																															
操作员/日期																															

2. 长时间使用仪器的维护保养

1）使用潮湿的软布清洁仪器外壳，必要时使用温和的清洁剂清洁和消毒仪器。

2）使用干燥的软布轻轻擦拭屏幕，以清除屏幕上的灰尘、油或指纹。若屏幕仍不干净，使用异丙醇或75%乙醇浸湿的软布轻轻擦拭屏幕以达到对仪器显示屏幕的清洁和消毒。

3）长期保持试验仓无尘和无液体残留，定期（1个月至少1次）对试验仓中孔板放置区域和基板进行清洁，可以使用75%乙醇对试验仓进行清洁。清洁前，先打开紫外线灯消毒30min。清洁和消毒时，勿将液体倒入试验仓内，可使用涂有去污液体的脱脂棉或棉布进行擦拭。使用75%的乙醇清洁及消毒后，将安全门打开晾置10min以上，使乙醇挥发。

3. 仪器消毒前的注意事项

1）勿在通电时或仪器运行过程中对仪器进行清洁或维护。

2）勿将水或其他溶液倒入试验仓内部，仪器通电时，液体流入可能导致电击。

3）乙醇为易燃易挥发性液体，暴露接触会刺激眼睛、皮肤和呼吸道，并可能导致中枢神经系统机能减退和肝脏损伤。使用乙醇清洁时，应穿戴合适的保护眼罩、衣服和手套。

4）仪器运行过程中，试验仓内加热条可能处于高温。在对仪器进行清洁或维护之前，应等待加热条温度降至室温，以免发生烫伤。

5）所有液体样本均应视为潜在性生物危害样品进行处理及操作。如果液体样品溢出或飞溅，应立即取用适当的消毒剂进行消毒，以避免污染物扩散，污染仪器或对实验室人员造成伤害。

第二节　之江生物核酸提取仪

一、仪器的性能

（一）仪器简介

Autra9600 Plus型全自动核酸提取仪由移液平台采用纳米磁珠法提取吸附核酸，由核酸提取模块组成，可自动完成样本条码识别、移液加样、核酸提取、检测试剂体系构建，以及提取产物的转移、分配，并对样本处理全程进行跟踪记录、信息管理。

96个样本的提取时间为10min，样本提取、试剂分装、核酸加样可在28min内完成；通过内置紫外线灯、外排式HEPA独立过滤风路、移液和加样双通道设置实现防污染功能。适用样本：鼻咽/口咽拭子样本。

（二）性能评价

1. 精密度

浓度为 2×10^6 拷贝/mL 的阳性参考品，批量提取样本，采用荧光PCR分析，$CV<$

5%。批量提取精密度如图 3-12 所示。

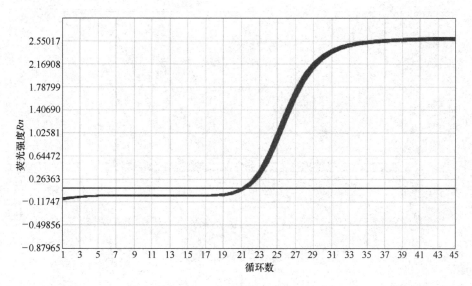

图 3-12 批量提取精密度

2. 灵敏度

浓度为 1×10^3 拷贝/mL 的阳性参考品稀释样本，重复提取 20 个样本，采用荧光 PCR 分析，检出率为 100%。核酸提取灵敏度如图 3-13 所示。

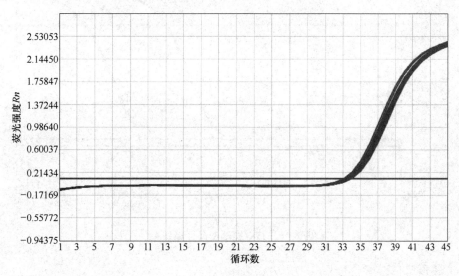

图 3-13 核酸提取灵敏度

3. 线性

提取稀释浓度为 1×10^3 拷贝/mL ~ 1×10^7 拷贝/mL 的阳性参考品样本，得到 $R^2 >$ 0.98。稀释样本提取线性如图 3-14 所示。

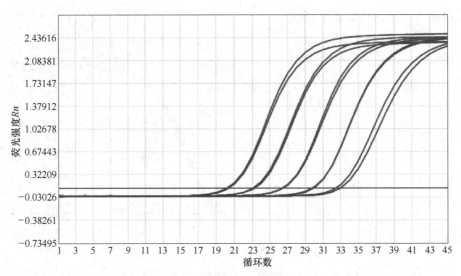

图 3-14　稀释样本提取线性

4. 交叉污染

浓度为 $1×10^6$ 拷贝/mL 的强阳性参考品、浓度为 $1×10^3$ 拷贝/mL 的弱阳性参考品和阴性对照交叉分布提取，核酸提取交叉污染结果如图 3-15 所示。

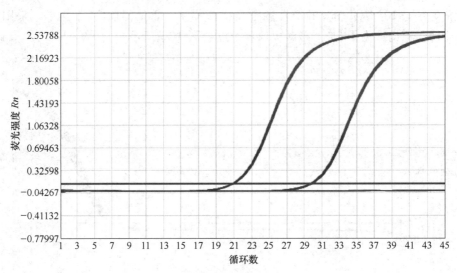

图 3-15　核酸提取交叉污染结果

5. 移液性能

$1μL$：$CV≤±5\%$；$10μL$：$CV≤±1\%$；$20μL$：$CV≤±0.8\%$。

（三）核酸提取原理

Autra9600 Plus 全自动核酸检测前处理系统采用步进电动机，通过微型计算机控制，能够实现 0.1mm 的精密传动。其磁棒表面磁场强度大于 2500Gs（$1Gs = 10^{-4}T$），

可以和粒径为 $0.03\mu m \sim 10\mu m$ 的铁磁性或亚铁磁性磁珠相互作用完成设定的磁珠转移功能，同时可以实现 PCR 反应体系构建功能。核酸提取及 PCR 反应体系构建过程主要包括以下几个步骤：

（1）吸附　将被裂解的样本中释放出来的核酸吸附到磁珠表面。

（2）洗涤　将吸附过程中收集的磁珠转移到洗涤缓冲液中，反复洗涤以除去夹带的杂质。

（3）洗脱　把磁珠转移到洗脱缓冲液中，充分振荡混合后，目标核酸即从磁珠表面脱落并溶解到洗脱缓冲液中。

（4）PCR 反应体系构建　将配制好的核酸检测试剂以及提取好的核酸，通过分装模块，分装至 PCR 板支架上指定的 PCR 管内，完成体系构建。核酸提取原理图如图 3-16 所示。

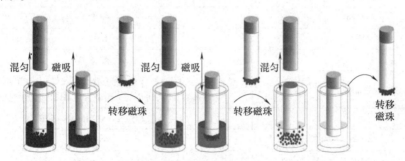

图 3-16　核酸提取原理图

（四）仪器结构组成、基本参数和安装要求

1. 仪器结构组成

Autra9600 Plus 仪器的结构组成如图 3-17 所示。

2. 仪器基本参数

仪器的基本参数见表 3-4。

3. 安装要求

（1）仪器安装环境

1）实验室条件：确保放置桌面水平、稳定、无振动，仪器出风口上方禁止放置杂物，放置仪器的房间必须保持干燥，避免受潮和阳光直射。

2）电压：为了保证仪器的稳定工作，在电压波动较大的地方，应使用 220V+22V 交流电源稳压器。

3）温度与湿度：工作环境温度应保持在 10℃ ~ 40℃，空气相对湿度为 20% ~ 80%。

（2）放置位置　放置仪器的房间必须保持干燥，避免受潮和阳光直射。不要将仪器放置在强电磁干扰或有高感应系数的仪器旁边，如电冰箱、高速离心机、振荡

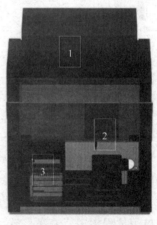

图 3-17　Autra9600 Plus
仪器的结构组成

1—紫外消杀模块，含紫外线灯和
新风过滤（含 HEPA）系统
2—机械臂分装模块　3—提取
模块，96 样本的快速核酸提取

表 3-4 Autra9600 Plus 仪器的基本参数

要求		内容
功能		自动化实现临床样本的核酸提取、纯化与 PCR 体系构建
每次通量/每小时通量		1~96/1~288
板位		12
使用耗材		PE 枪头,八连管
使用试剂		之江生物核酸提取与检测试剂
处理体积		10μL~1000μL
混匀模式		振荡混合,多模式多速度可调
屏幕尺寸		外接计算机
声音提示		配备
照明		配备
接口		USB
通信方式		配备
防污染		设备一键式维护,操作简便;内置紫外线灯,有效清除仪器内的核酸片段,防止交叉污染发生;HEPA 高效过滤
电源		AC220V(±10%);50Hz~60Hz
产品外形	整机质量	45kg
	整机尺寸(长×宽×高)	63cm×57cm×85cm
使用环境	环境温度	10℃~40℃
	相对湿度	<85%
运输环境	环境温度	−20℃~40℃
	相对湿度	<80%
提取孔间差		<5%
磁珠回收率		>95%
运行噪声		<60dB
使用寿命		7 年
产品认证		二类国家医疗器械认证

器等。不要将仪器放置在加热设备旁边。为了防止电击危害,仪器必须接在符合安规标准的插座上。不要将仪器放置在难以开启或关闭电源开关的位置。

(3) 其他要求 由于配套的提取试剂的优化更新,此仪器预载的程序可能会在实际应用过程中进行升级。软件升级应由专业的工程师进行操作。

二、仪器的操作

(一)仪器开展的检测项目

可用于新冠、流感病毒、肠道病毒等多种传染病原体的筛查及临床检测。

（二）操作规程

1. 操作流程

1）按照试剂盒说明书向96孔深孔板中加入试剂。

2）开机，待磁棒、磁套固定框上升至初始位置。

3）将加好样品的96孔深孔板按正确位置（96孔深孔板切角的位置始终处于左下角）小心缓慢地放入96孔深孔板固定框上，水平向里推至96孔深孔板固定框凹槽最里侧。

4）将96孔磁套放入到96孔深孔板（洗涤液W）中，96孔磁套与96孔深孔板孔位一一对应。

5）将配制好的检测试剂放置于试剂架指定位置，并根据试验样本数量在PCR板支架上放置相应的PCR管。

6）关上前门，以避免环境的污染。

7）单击软件主界面"Run"按钮，选择适用的程序，输入样本数量，再单击"Run"按钮，确认是否使用新枪头后仪器开始运行。

8）程序运行完毕后取出PCR管进行后续试验。

9）将96孔深孔板、96孔磁套、试剂管及废弃枪头槽内使用过的枪头进行无害化处理。

10）开启紫外线消杀系统。关机时，应关闭核酸提取模块开关、移液平台开关以及计算机。

2. 试验前准备

（1）人员要求　要求检验人员完成样本、试剂、耗材上机工作。

（2）仪器要求　仪器所处环境须满足说明书规定范围，确保仪器可正常运行。

（3）试剂要求　试剂应按照提取说明书要求正确使用。

（4）环境要求　应满足说明书规定的工作环境要求。

（5）样本要求　拭子类样本、血清、血浆、漱口液、胸水、腹水、脑脊液等多种类型的样本均适用。

3. 试验运行注意事项

1）将96孔深孔板放入96孔深孔板固定框上时，注意要小心轻缓地放入，防止液体溅出造成污染。

2）每次将96孔深孔板放入96孔深孔板固定框时，应确保96孔深孔板的方向正确（注意切角位置），不能反向，紧靠定位面，不能歪斜，以免影响磁珠的转移效率。

3）放置96孔磁套时，将96孔磁套放入到第3块96孔深孔板中，96孔磁套与96孔深孔板孔位一一对应。

4）放置PCR管时，摆放位置正确且平整。

5）每次安装或取下磁套或96孔深孔板，都应保证在磁套、磁棒上升到位并分离完全的状态下进行。

6）在开机之前必须仔细阅读该仪器使用说明书，根据说明书上的操作步骤进行操作。

4. 试验完成注意事项

应当按照使用说明书的要求对产品进行维护、保养。在维护、保养后，经制造商确认仍能保持基本安全性和有效性的产品，可以正常使用。若处理的样品属于生物危险材料，必须执行说明书建议的或者其他相应的消毒程序。当设备使用期限满后，联系制造商派专业人员对高效过滤网和紫外线灯进行更换。

（三）维护保养

1）日常操作要注意防尘、防液体污染。仪器操作完毕后，开启内置紫外线消杀系统消毒。

2）建议定期清洗仪器以维护其良好外观，用温和的实验室清洁剂（如 75%乙醇）擦拭外壳。

3）不能使用与设备零部件或设备内所含材料发生化学反应的清洗剂或消毒剂。

4）当仪器表面被样本污染时，可以使用紫外线来杀菌、消毒，还可以使用温和的消毒溶液（如含氯消毒液）擦拭。

5）如果对消毒剂或清洗剂与设备零部件或设备内所含材料的相容性有疑问，则应咨询制造商。

6）禁止用高压锅对仪器的任何部件消毒。

7）仪器在使用过程中如有异响，应立即联系制造商。

第三节　天根生化核酸提取仪

一、仪器的性能

（一）仪器简介

TGuide S96 型全自动核酸提取纯化仪采用 10.1in 触控中文界面（Windows 系统），可配置 24 通量模块和 96 通量模块。采用 24 通量模块，配套 TIANGEN 整合试剂，可同时完成 1 个~24 个样本核酸纯化试验，最大处理液体样本体积为 5mL；采用 96 通量模块，搭配对应样本的 TIANGEN 磁珠法核酸提取试剂，可同时完成 1 个~96 个样本核酸自动提取纯化试验。本仪器具备裂解/洗脱双加热模块，通过循环式磁珠吸附模式，磁珠回收效率≥98%；采用机械臂整体模块 $X/Y/Z$ 运动和混匀部件振动四位一体运动模式，振荡频率多档可调，可适配不同试剂整合方案；采用双列四板位矩阵式排布，可扩展为单次提取 192 个样本；通过紫外线灭菌、防气溶胶风扇、防液体滴落盘实现防污染功能；适用样本：血液、细胞、组织、病毒等。

（二）性能评价

TGuide S96 全自动核酸提取纯化仪性能验证试验包括提取精密度、灵敏度、提取线性试验及孔间交叉污染评估试验。

1. 精密度及灵敏度

（1）试验目的　使用核酸标准品评价各样品孔提取核酸的均一性及回收效率。

（2）试验仪器　TGuide S96 全自动核酸提取纯化仪。

（3）提取试剂　TGuide S96 磁珠法通用型基因组 DNA 提取试剂盒（DP802）。

（4）提取精密度评价标准　重复提取 96 个样本，$CV \leqslant 5\%$。

（5）提取灵敏度评价标准　重复提取 96 个样本，提取成功率>90%即为达标。

（6）试验设计　使用 TGuide S96 全自动核酸提取纯化仪搭配 TGuide S96 磁珠法通用型基因组 DNA 提取试剂盒提取 96 个模拟血液样本（模拟血液样本制作：在每份阴性血清样本中添加 $10\mu g$ DNA 标准品，模拟样本总量为 $200\mu L$），评价提取精密度和灵敏度试验。

（7）试剂和板位的分布　试剂和板位的分布见表 3-5。

表 3-5　试剂和板位分布

板位	E	F	G	H
试剂	—	GDZP 500μL	GHP2 715μL 磁棒套	—

板位	A	B	C	D
试剂	样本 200μL GHL 300μL	GDZP 900μL	PWDP 300μL	TB 100μL

（8）自动化运行程序

1）在 GHL 的 96 深孔板中加入 $200\mu L$ 样本和 $20\mu L$ 蛋白酶 K。将磁棒套放在 GHP2 的深孔板中。按照表 3-5 所示板位排布上机。

2）运行基因组 DNA 提取试验程序见表 3-6。

表 3-6　运行基因组 DNA 提取试验程序

步骤	板位设置	混合体积	混合速度	混合时间	沉淀时间	磁吸次数	磁吸速度	加热板位	加热温度	悬停时间	暂停	抓手动作
抓取磁棒套	G	—	—	—	—	—	—	—	—	—	—	抓取
磁吸收集磁珠	G	700μL	中速	30s	30s	1	1mm/s	—	—	—	—	—
裂解	A	600μL	中速	15min	—	—	—	A	75	—	是	—
结合	A	900μL	中慢	10min	30s	1	1mm/s	—	—	—	—	—
漂洗-Ⅰ	B	900μL	中慢	3min	30s	1	1mm/s	—	—	—	—	—
漂洗-Ⅱ	F	500μL	中速	3min	30s	1	1mm/s	—	—	—	—	—
漂洗-Ⅲ	G	700μL	中速	3min	30s	1	1mm/s	—	—	—	—	—
漂洗-Ⅳ	C	300μL	中速	3min	30s	1	1mm/s	D	—	8min	—	—
洗脱	D	100μL	中速	8min	30s	2	1mm/s	D	60	—	—	—
结束	G	—	—	—	—	—	—	—	—	—	—	释放

3）Lysis 步骤结束后，仪器暂停，打开仓门，在 A 板位加入 $300\mu L$ 异丙醇，关闭仓门，继续运行程序。

4）完整试验程序结束后，将 D 板位 96 深孔板中的 DNA 吸取 $2\mu L$，用超微量分光光度计测值并记录浓度与纯度值，见表 3-7。

表 3-7　浓度与纯度值

样本名称	浓度（ng/μL）	A_{260}/A_{280}	A_{260}/A_{230}	样本名称	浓度（ng/μL）	A_{260}/A_{280}	A_{260}/A_{230}
1	98.61	1.81	2.25	49	94.18	1.81	2.37
2	95.12	1.8	2.22	50	99.2	1.82	2.41
3	98.3	1.8	2.22	51	95.75	1.79	1.98
4	98.03	1.85	2.23	52	97.7	1.81	2.31
5	97.77	1.88	2.14	53	98	1.83	2.36
6	94.38	1.9	2.18	54	99.61	1.83	2.26
7	93.58	1.89	2.21	55	97.62	1.81	2.34
8	95.71	1.87	2.22	56	94.83	1.82	2.49
9	99.51	1.89	2.11	57	96.54	1.82	2.37
10	92.1	1.9	2.18	58	99.75	1.82	2.35
11	95.15	1.84	2.21	59	95.47	1.82	2.26
12	93.04	1.9	2.22	60	97.75	1.81	2.23
13	95.95	1.88	2.14	61	95.77	1.82	2.25
14	99.77	1.88	2.01	62	97.42	1.83	2.15
15	91.94	1.89	2.08	63	96.56	1.83	2.56
16	96.67	1.89	2.19	64	93.53	1.82	2.4
17	95.67	1.89	2.12	65	92.21	1.83	2.21
18	97.9	1.9	2.17	66	98	1.83	2.35
19	96.41	1.9	2.2	67	98.9	1.82	2.41
20	97.78	1.87	1.85	68	94.35	1.82	2.38
21	97.27	1.81	2.25	69	94.81	1.81	2.36
22	94.08	1.8	2.25	70	95.87	1.81	2.58
23	97.53	1.82	2.35	71	99.14	1.8	2.4
24	96.01	1.83	2.34	72	93.72	1.81	2.28
25	95.28	1.82	2.26	73	94.62	1.82	2.34
26	99.87	1.84	2.25	74	94.35	1.81	2.45
27	96.7	1.85	2.36	75	94.71	1.82	2.32
28	96.76	1.82	2.32	76	92.63	1.82	2.13
29	97.27	1.8	2.55	77	97.94	1.8	2.04
30	96.98	1.8	2.38	78	95.67	1.81	2.02
31	97.1	1.81	2.29	79	96.32	1.82	2.12
32	99.64	1.8	2.28	80	97.34	1.81	2.34
33	98.95	1.8	2.43	81	96.71	1.81	2.35
34	97.9	1.8	2.36	82	94.63	1.82	2.39
35	97.67	1.81	2.35	83	96.34	1.83	2.2
36	96.27	1.81	2.37	84	95.45	1.81	2.28
37	98.33	1.81	2.29	85	99.62	1.8	2.36
38	95.35	1.8	2.34	86	93.36	1.77	2.16
39	94.37	1.8	2.35	87	94.85	1.83	2.19
40	98.54	1.8	2.43	88	93.27	1.82	2.37
41	97.64	1.81	2.48	89	95.54	1.81	2.47
42	98.12	1.82	2.42	90	92.36	1.79	2.16
43	98.27	1.81	2.36	91	94.91	1.81	2.47
44	98.98	1.81	2.68	92	94.17	1.77	2.19
45	96.62	1.8	2.31	93	95.32	1.83	2.26
46	96.81	1.83	2.27	94	99.91	1.82	2.35
47	95.73	1.8	2.31	95	98.26	1.81	2.44
48	95.6	1.82	2.33	96	94.64	1.82	2.64

（9）检验结论　TGuide S96 全自动核酸提取纯化仪本次提取 96 个模拟血液样本的精密度 $CV = 2.1\%$，满足精密度评价标准；96 个样本的核酸提取成功率为 100%，满足灵敏度评价标准。

2. 交叉污染

（1）试验目的　评估样品孔间交叉污染情况。

（2）试验仪器　TGuide S96 全自动核酸提取纯化仪。

（3）试验试剂　TGuide S96 磁珠法病毒 DNA/RNA 提取试剂盒（DP804）。

（4）评价标准　未加入 RSV（呼吸道合胞体病毒）的阴性对照组，qPCR 检测显示无扩增产物检出。

（5）试验设计　检测用样本为 RSV 样本，以梅花桩式排列加样，加样 200μL（见图 3-18），着色区域为 RSV 加样孔，未着色区域为阴性对照孔，加入等体积的水。

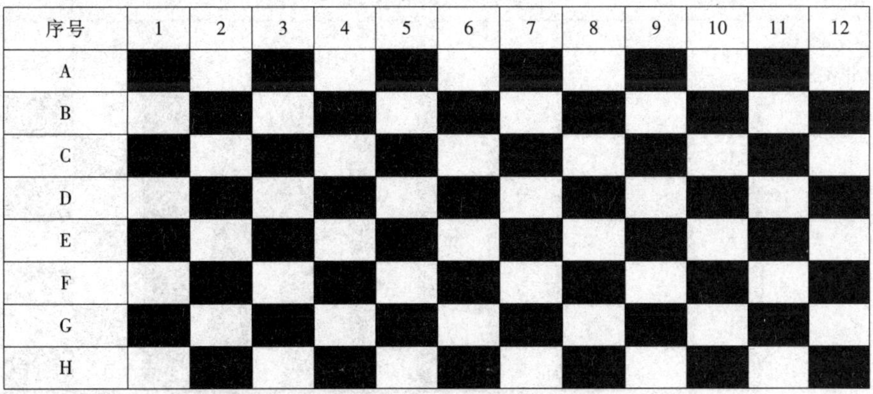

图 3-18　孔间交叉污染评估试验梅花桩排列加样方式

（6）试剂板位分布（见表 3-8）

表 3-8　试剂和板位分布

板位	E	F	G	H
试剂	—	—	—	—

板位	A	B	C	D
试剂	样本 200μL RLCP 300μL	PWCP 500μL	GSP2 500μL 磁棒套	RNase-Free H_2O 100μL

（7）自动化运行程序

1）在 RLCP 的 96 深孔板中加入 200μL 样本和 20μL Proteinase K。将磁棒套放在 GSP2 的深孔板中。按照上述板位排布上机。

2）运行提取试验程序见表 3-9。

3）完整试验程序结束后，将 D 板位 96 深孔板中的 DNA 取出，进行 qPCR 检测，检测结果见表 3-10。

（8）检测结论　RSV 样本提取结果良好，未加入 RSV 的阴性对照组，qPCR 检测显示无扩增产物检出，无交叉污染。

表 3-9　运行提取试验程序

步骤	板位设置	混合体积	混合速度	混合时间	沉淀时间	磁吸次数	磁吸	加热板位	加热温度	悬停时间	暂停	抓手动作
抓取磁棒套	C	—	—	—	—	—	—	—	—	—	—	抓取
磁吸收集磁珠	C	500μL	中速	30s	30s	1	1mm/s	A	30	—	—	—
裂解	A	520μL	中慢	10min	30s	2	0.8mm/s	A	30	—	—	—
漂洗-Ⅰ	B	500μL	中慢	3min	30s	1	1mm/s	—	—	—	—	—
漂洗-Ⅱ	C	500μL	中速	3min	30s	1	1mm/s	—	—	—	—	—
洗脱	D	100μL	中速	5min	30s	3	0.8mm/s	—	—	—	—	—
结束	G	—	—	—	—	—	—	—	—	—	—	释放

表 3-10　检测结果

交叉污染试验 C_t 值检出情况	1	2	3	4	5	6	7	8	9	10	11	12
A	28.22	N	27.84	N	27.87	N	26.72	N	25.18	N	27.76	N
B	N	27.88	N	27.86	N	28.32	N	26.22	N	26	N	27.92
C	26.83	N	28.07	N	28.04	N	27.39	N	28.17	N	28.05	N
D	N	25.97	N	28.03	N	27.82	N	27.1	N	27.02	N	28.49
E	28.04	N	26.66	N	28.52	N	28.32	N	27.22	N	28.25	N
F	N	27.09	N	26.55	N	27.24	N	27.13	N	27.3	N	28.31
G	28.19	N	27.41	N	28.6	N	27.93	N	27.19	N	28.31	N
H	N	27.1	N	28.01	N	27.28	N	26.59	N	26.91	N	26.42

注：N 为无核酸样本的空白提取，用于评估交叉污染。

3. 线性

（1）试验目的　评价 TGuide S96 全自动核酸提取纯化仪及配套试剂提取方案提取核酸的线性关系。

（2）试验仪器　TGuide S96 全自动核酸提取纯化仪。

（3）提取试剂　TGuide S96 磁珠法病毒 DNA/RNA 提取试剂盒（DP804）。

（4）qPCR 试剂　FastFire 快速荧光定量 PCR 预混试剂（探针法）（FP208）。

（5）试验样本　转基因玉米 NK603 质粒分子标准物质。标准物质编号：GBW 10086。

（6）试验设计　选取高浓度标准品（2.4×10⁶ 拷贝/μL），使用阴性血浆样本 10 倍梯度稀释，至 $2.4×10^6$ 拷贝/μL、$2.4×10^5$ 拷贝/μL……24 拷贝/μL 共 6 个梯度，每个浓度重复检测 4 次，计算其线性相关系数。

（7）评价标准　若 $R^2 ≥ 98\%$，则说明线性范围测试达标。

（8）试剂和板位分布　试剂和板位的分布见表 3-11。

（9）自动化运行程序

1）将磁棒套放入磁珠悬浮液 GSP2 板位中。

表 3-11 试剂和板位的分布

板位	E	F	G	H
试剂	—	—	—	
板位	A	B	C	D
试剂	样本 200μL RLCP 300μL	PWCP 500μL	GSP2 500μL 磁棒套 Tip	RNase-Free H₂O 100μL

2）在 Buffer RLCP 的 96 孔板中加入 200μL 处理好的样本和 20μL 蛋白酶 K。

3）将 96 孔板按照板位分布正确放置后，启动 TGuide S96 全自动核酸提取纯化仪的软件 NAPS，运行提取程序，见表 3-12。

表 3-12 运行提取程序

步骤	板位设置	混合体积	混合速度	混合时间	沉淀时间	磁吸次数	磁吸	加热	加热温度	悬停	抓手动作
抓取磁棒套	C	—	—	—	—	—	—	—	—	—	抓取
磁吸收集磁珠	C	500μL	中速	30s	30s	1	1mm/s	A	30	—	—
裂解	A	520μL	中慢	10min	30s	2	0.8mm/s	A	30	—	—
漂洗-Ⅰ	B	500μL	中慢	3min	30s	1	1mm/s	—	—	—	—
漂洗-Ⅱ	C	500μL	中慢	3min	30s	1	1mm/s	—	—	5min	—
洗脱	D	200μL	中速	5min	30s	2	0.8mm/s	—	—	—	—
结束	C	—	—	—	—	—	—	—	—	—	释放

4）程序执行完毕，将 D 板位 96 深孔板中的 DNA 取出，进行 qPCR 检测，检测结果见表 3-13，TGuide S96 全自动核酸提取纯化仪提取线性计算与 qPCR 定量检测结果如图 3-19 所示。

表 3-13 检测结果

样本浓度 /(copies/μL)	模拟样本提取定量				
	C_t 均值	4 个重复的 C_t 值			
$2.40×10^6$	17.5	17.6	17.49	17.46	17.43
$2.40×10^5$	20.66	20.7	20.52	20.72	20.69
$2.40×10^4$	24.21	24.23	24.17	24.19	24.26
$2.40×10^3$	27.61	27.44	27.55	27.7	27.74
$2.40×10^2$	30.8	30.84	30.81	30.68	30.88
24	34.61	34.7	34.17	33.98	35.59

（10）检验结论　得到 $R^2 = 99.78\%$，优于线性评价标准，可以较好检测出掺入 24copies/μL NK603 质粒分子标准物质的模拟样本。

（三）核酸提取原理

裂解液裂解样本后，游离于裂解/结合液中的核酸被磁珠特异性吸附，通过磁棒及

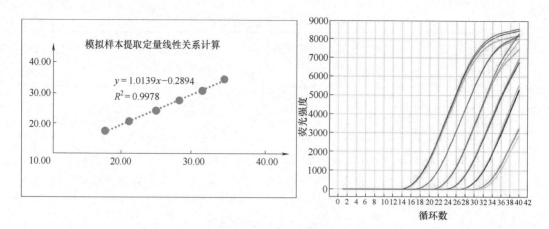

图 3-19　TGuide S96 全自动核酸提取纯化仪提取线性计算与 qPCR 定量检测结果

磁棒套配合，完成磁吸、转移、释放和混合等动作使吸附核酸的磁珠与裂解/结合液分离，并在漂洗液板将与磁珠非特异结合的各种杂质去除，最后使核酸分子溶解于洗脱液中（见图 3-20）。

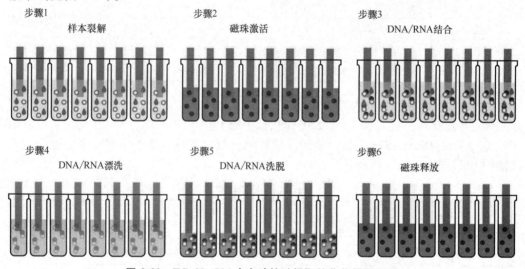

图 3-20　TGuide S96 全自动核酸提取纯化仪提取原理

（四）仪器的基本信息与安装要求

1. 仪器的基本信息 （见表 3-14）

表 3-14　TGuide S96 全自动核酸提取纯化仪的基本信息

要求	内容
功能	实现样本的核酸提取功能
样本通量	96 通量模块：1～96 24 通量模块 1～24 单次提取 25min～65min

（续）

要求		内容
板位		8位平板矩阵式(非转盘式)板位排布,其中包含2个包裹式设计加热板位
使用耗材		96深孔板、磁棒套
处理体积		20μL~1000μL(标准96通量模块),50μL~5000μL(大体积24通量模块)
混匀模式		多档可调振动速度,溶液体积自适应振动幅度,振动幅度根据溶液体积自动调整
屏幕尺寸		10.1in彩色触控屏幕搭载Windows系统,简单易用
声音提示		试验程序运行结束后会有声音提示、程序报警提示音
接口		USB
通信方式		USB或无线网络
防污染		内置紫外线灭菌模块、液体防滴落托盘、防气溶胶污染风扇,有效防止板间及孔间交叉污染
电源		交流220V±22V,50Hz±1Hz
产品外形	整机质量	140kg
	整机尺寸	805mm×640mm×725mm
使用环境	环境温度	10℃~30℃
	相对湿度	≤80%
	海拔	≤2000m
运输环境	环境温度	-10℃~40℃
	相对湿度	≤80%
温控范围		室温-80℃
提取孔间差		≤1%
磁珠(XX)回收率		≥98%
运行噪声		≤65dB
使用寿命		8年
产品认证		一类医疗备案

2. 安装要求

（1）仪器安装环境　实验室温度：10℃~30℃；实验室湿度：≤80%；实验室电源：交流220V±22V，50Hz±1Hz。

（2）放置位置　实验室环境：干燥、通风良好、无腐蚀性气体、无强磁场干扰。仪器间间距≥25cm。

二、仪器的操作

（一）仪器开展的检测项目

适用于所有需要核酸提取的项目。

（二）操作规程

1. 操作流程

1）仪器开机。按下仪器正面电源按钮"Power"，电源按钮点亮后，等待屏幕点亮并进入仪器控制程序（见图 3-21）。

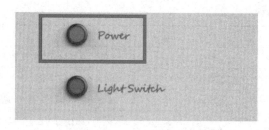

图 3-21 TGuide S96 全自动核酸提取纯化仪开机按钮图

2）在屏幕主页面单击"浏览查看"（见图 3-22），单击选择右侧界面中需要运行的试验程序。

图 3-22 TGuide S96 全自动核酸提取纯化仪操作页面——浏览查看

3）进入程序信息页面后，如图 3-23 所示，单击"运行"。

图 3-23 TGuide S96 全自动核酸提取纯化仪操作页面——基本信息

4）按照试剂说明书上的步骤将处理好的样本加入指定 96 深孔板，将各 96 深孔板按照试剂说明书上的板位分布正确放置在仪器的对应板位。

5）确认深孔板及磁棒套摆放无误后，单击▶，运行试剂对应的试验程序（见图3-24）。

图3-24　TGuide S96 全自动核酸提取纯化仪操作页面——板位分布

6）程序执行完毕，将D板位96深孔板中DNA/RNA吸出使用或保存。

7）仪器消毒。试验结束后，仪器会终止运行，并发出蜂鸣提示音。取出耗材后，可在运行监控界面，选择下方"紫外线消毒"进行消毒，时间可自行设置，推荐30min。

8）仪器关机。仪器使用完毕后，单击程序界面右上角⊗关闭，回到Windows主界面，关闭计算机。等待30s，待计算机完全关闭后，按下仪器正面〈Power〉电源键，切断电源。

2. 试验前准备

1）试验前操作人员需要按照要求穿戴对应的防护装备。

2）试验前确认仪器运行状态（可空跑测试程序），提前开启紫外线消毒。

3）试验前准备试验所需的所有试剂及耗材。

4）试验前准备试验所需的所有记录等文件。

5）试验前确认试验环境的温度和湿度满足项目要求。

6）试验前确认样本状态满足项目要求。

3. 试验运行注意事项

1）仪器开始运行程序前确认磁棒套是否正确放置。

2）仪器开始运行程序前确认深孔板是否正确放置。

3）仪器开始运行程序前确认所选程序与提取试剂是否对应。

4）仪器运行过程中注意避免碰撞仪器。

4. 试验完成注意事项

1）试验结束后，及时将深孔板D内的核酸转移进行下游试验或保存。

2）试验结束后，将使用过的深孔板及磁棒套按照医疗废物处理。

3）试验结束后，使用75%乙醇清洁试验仓，并开启紫外线灯照射30min以上进行消毒。

（三）维护保养

1）使用前认真查看说明书。

2）试验结束后，使用 75%乙醇清洁试验仓，并开启紫外线灯照射 30min 以上进行消毒。

3）定期清洁仪器表面及试验仓，避免使用强碱、强酸等有机溶液。

4）仪器使用时保证仪器四周通风。

5）不要在电压不稳、过高、过低时使用仪器。

6）保持试验仓内环境较为干燥，无水渍等物。

第四节　达安基因核酸提取仪

一、仪器的性能

（一）仪器简介

Stream SP96 型全自动核酸提取仪由移液平台与核酸提取模块组成，可自动完成样本条码识别、移液加样、核酸提取及检测试剂体系构建和提取产物的转移、分配，并对样本处理全程进行跟踪记录、信息管理。

仪器采用图形化界面操作，可预装多个试验程序，96 个样本的最快自动处理速度为 45min。双独立提取模块设计，可同时运行 2 个不同提取程序，实现不同提取需求的样本同时上机。同一批次的核酸产物可分配至 3×96（288 人份）PCR 反应体系中或构建 9 种不同项目标 PCR 反应体系。样本类型包括：咽拭子、鼻拭子、血清、血浆、全血、增菌液、痰液、组织、干血斑等。可兼容常规采血管、离心管，以及 10 混 1、20 混 1 的采样管（可选配样本盘）等。可实现双向 LIS（实验室信息管理系统）或 HIS（医院信息系统）通信功能。支持双倍样本提取，适用体积为 20μL~700μL。

设备特点：可识别气泡及堵塞干扰并报警提示；$X/Y/Z$ 方向位移误差 ≤ 0.1mm；通过气压修正功能，确保仪器在平地、高原、海岛等极端环境中的移液精确性；通过气压反馈实现加热组件独立控温功能，防止液体沸腾，确保加热高效均一；通过紫外线照射、HEPA 过滤、外排风系统及科学的物理分区，有效控制交叉污染。

（二）性能评价

1. 精密度

浓度为 10^3IU/mL 的 HBV 参考品，批量提取样本，采用 qPCR 分析，$CV<1\%$，批量提取精密度如图 3-25 所示。

2. 灵敏度

浓度为 10IU/mL 的 HBV 参考品稀释样本，重复提取 20 个样本，采用 qPCR 分析，检出率为 20/20，核酸提取灵敏度如图 3-26 所示。

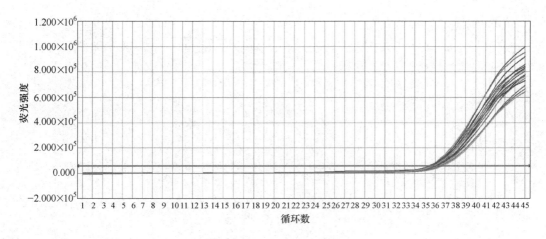

图 3-25 批量提取精密度

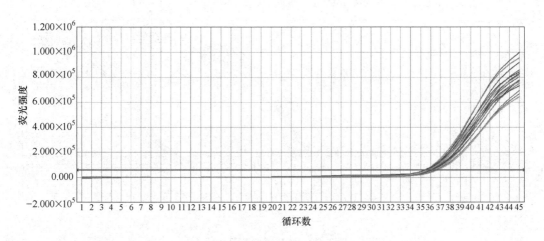

图 3-26 核酸提取灵敏度

3. 线性

提取稀释浓度为 10 IU/mL$\sim$ 1×10^{8}IU/mL 的 HBV 参考品样本，得到 $R^2>0.98$，稀释样本提取线性如图 3-27 所示。

4. 交叉污染

浓度为 10^7IU/mL 的 HBV 强阳性参考品、浓度为 10^3IU/mL 的 HBV 弱阳性参考品和阴性性对照交叉分布提取，无交叉污染产生，核酸提取交叉污染如图 3-28 所示。

5. 移液性能

移液范围为 20μL$\sim100\mu$L 时，准确性为 $\pm1\%$，重复性 $\leqslant0.6\%$；移液范围 $\geqslant100\mu$L 时，准确性为 $\pm0.8\%$，重复性 $\leqslant0.5\%$。

（三）核酸提取原理

核酸提取原理如图 3-29 所示。利用试验仓磁棒架上的磁棒，将吸附有核酸的磁

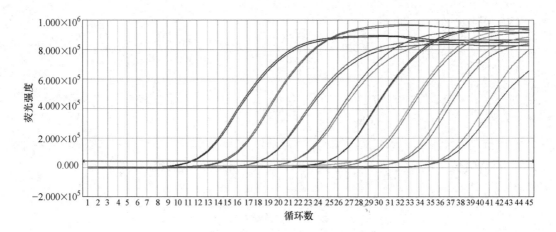

图 3-27 稀释样本提取线性

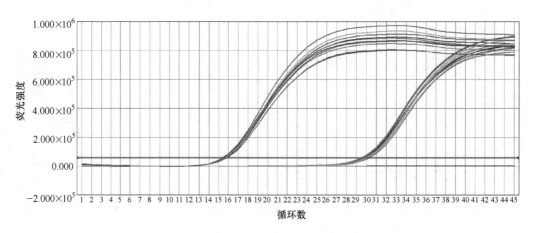

图 3-28 核酸提取交叉污染

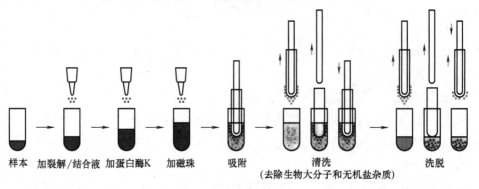

图 3-29 核酸提取原理

珠移动至不同的试剂孔内，再利用套在磁棒外层的搅拌套，反复地快速搅拌液体，使液体与磁珠均匀混合，经过细胞裂解、核酸吸附、清洗与洗脱，最终得到高纯度核酸。

（四）仪器的技术要求和安装要求

1. 仪器的技术要求（见表 3-15）

表 3-15 仪器的技术要求

要求		内容
功能		用于样本、试剂加样,核酸的提取、纯化,检测试剂的分装、核酸模板的加入等核酸检测前处理工作
每次通量/每小时通量		1~96
板位		6 个板位
使用耗材		深孔板、八连磁套、1000μL 和 200μL 规格的带滤芯吸头、防污套、离心管等
使用试剂		核酸提取或纯化试剂,备案证号:粤穗械备 20170583 号
处理体积		20μL~1000μL
混匀模式		上下振荡
屏幕尺寸		为外接计算机的屏幕尺寸
声音提示		蜂鸣器
照明		LED(发光二极管)灯带
接口		以太网接口
通信方式		以太网通信
防污染		具备排风系统、紫外线灯消毒、合理的物理分区等
电源		AC100V~240V,50Hz
产品外形	整机质量	250kg
	整机尺寸	外形尺寸(长×宽×高):1300mm×745mm×1707mm(含储物工作台)
使用环境	环境温度	10℃~30℃
	相对湿度	≤80%
	海拔	—
运输环境	环境温度	<40℃
	相对湿度	≤80%
温控范围		室温~99℃
温控精度		提取模块温度控制允差:±1℃
提取孔间差		提取同一样品,孔间 C_t 值的变异系数不超过 2%
磁珠回收率		—
运行噪声		—
使用寿命		6 年
产品认证		第一类医疗器械备案

2. 安装要求

（1）仪器安装环境

1）环境温度为 10℃~30℃。

2）环境湿度≤80%。

3）室内使用（避免强光源直射）。

4）电网电源：AC 220V，50Hz，安全接地。

（2）放置位置

1）仪器放置于承重大于 400kg 的地面上。

2）不要让电源开关和器具插座的位置紧靠墙壁，应预留至少 15cm 的空间。这是为了在仪器发生问题时，方便立即拔掉电源线断开电源。

3）通风孔与物体距离>15cm。

4）仪器之间距离>100cm。

5）远离热源。

6）环境应尽可能无尘、无大的电噪声源和电源干扰。

二、仪器的操作

（一）仪器开展的检测项目

核酸提取仪可以应用在疾病控制中心、临床疾病诊断、输血安全、法医学鉴定、环境微生物检测等分子生物学研究应用领域。用于样本的核酸提取纯化，包括但不限于新冠、HBV、HIV "艾滋病病毒" 等病原体的核酸提取纯化。

（二）操作规程

1. 操作流程

1）开启仪器的电源开关，等待 10s。

2）双击 SP96 应用软件图标，进入软件主界面，单击界面中的 "初始化" 按钮，仪器进行初始化动作，初始化的过程中界面将不能进行任何操作，初始化完成后单击 "确定" 按钮进入下一步。

3）新建试验，按照顺序依次输入试验 ID 和样本数，单击【确定】按钮，选择 "项目数量"，选择 "试验流程"，选择样本所做的 "项目 1"，在 "ID" 处单击选择 "填充全部"，然后单击 "下一步" 按钮。

4）单击 "下一步" 按钮进入 "提取板排版界面"，该界面显示的是样本加到 96 孔板的位置，以及提取试剂的摆放位置等；确认无误之后，单击 "下一步" 按钮。

5）该界面显示的是分装（PCR 反应液体系+核酸模板）到八连管的位置，以及对应 PCR 体系的摆放位置和加液量。确认无误之后，单击 "下一步" 按钮。

6）此界面为 "试验步骤及吸头界面"，根据实际情况勾选对应的 $1000\mu L/200\mu L$ 枪盘并单击 "更新" 按钮然后单击 "运行" 按钮就可以启动试验。（注意：若想从中间步骤开始往后做，则可直接在中间步骤打钩，试验将会从打钩的步骤开始往后做，注意两个机芯都要打钩）。

2. 试验前准备

（1）人员要求　实验室检测技术人员应当具备实验室工作经历以及相关专业技

技能，接受过新冠相关检验检测技能培训。检测机构应当按照所开展检测项目及标本量配备实验室检测人员，以保证及时、高效完成检测和结果报告。

（2）仪器要求　应当选择国家药品监督管理局批准的试剂所配套的提取仪器。

（3）试剂要求　应当选择国家药品监督管理局批准的试剂，建议选择磁珠法进行核酸提取，建议根据核酸提取试剂（粤穗械备 20170583）及扩增体系（国械注准 20203400749、国械注准 20203400063）的要求选择配套的标本采样管，不建议免提取核酸直接进行核酸扩增反应。

（4）环境要求

1）试剂储存和准备区：用于分装、储存试剂、制备扩增反应混合液，以及储存和准备试验耗材。该区应配备冰箱或冰柜、离心机、试验台、涡旋振荡器、微量加样器等。为防止污染，该区宜保持正压状态。

2）标本制备区：标本转运桶的开启、标本灭活（必要时）、核酸提取及模板加入至扩增反应管等。该区应配备冰箱或冰柜、生物安全柜、离心机、试验台、微量加样器，可根据实际工作需要选配自动化核酸提取仪等。标本转运桶的开启、分装应在生物安全柜内完成。为防止污染，该区宜保持负压状态。为操作方便，标本的分装以及核酸提取也可以在独立的生物安全二级（BSL-2）实验室进行，提取的核酸可以转运至该区加至扩增反应液中。

3）核酸扩增和产物分析区：进行核酸扩增反应和产物分析。该区应配备实时荧光定量 PCR 仪。为防止扩增产物污染环境，该区宜保持负压状态，压力等于或低于标本制备区。

将以下试剂耗材准备好放置在指定位置上备用：

① 蛋白酶 K（如果是预分装试剂，原管放置上去需多预备 3 人份的量，每 32 人份放 1 管）。

② 1000μL、200μL 的 Tip 枪头（带缺口的朝左）。

③ 枪头导出套（底下对应的垃圾桶需套垃圾袋）。

④ 96 孔提取板、磁力套（1 块 96 孔提取板需放置 2 条磁力套）。

⑤ 扩增试剂（A/B 液原管放置上去需多预备 3 人份的量，每 48 人份放 1 套）。

⑥ 5mL 混合管。

检查试验所需试剂、标本，确保量充足、无气泡，位置正确。

3. 试验运行时注意事项

1）仪器门是否关好。

2）取 Tip 枪头力度是否合适。

3）观察仪器吸排液的位置准确度。

4）分液准确性。

4. 试验完成注意事项

1）清理仪器上的试剂、耗材、试验产生的废物等，使用 75% 乙醇擦拭工作台表面。

注：正门、侧门以及提取仓门只能使用清水擦拭。

2）在软件主界面有一个紫外线开关按钮，单击打开后可设置分钟数，开启即可打开仪器内部紫外线灯，倒计时到达之后，紫外线灯将会自动关闭。

3）单击"退出"按钮，即可退出软件系统，并关闭仪器电源。

（三）维护保养

1. 日维护（每次试验后）

1）用75%乙醇喷雾打湿无尘纺布后，擦拭仪器工作台表面。

注：正门以及两块侧板为有机玻璃，严禁使用乙醇等有机溶剂进行擦洗。

2）用75%乙醇喷雾消毒标本架、试剂架并用无尘纺布擦拭。

2. 月维护

1）打开仪器门，用清水擦洗工作台面仪器内壁。

2）用清水擦洗仪器两侧外壳及仪器后板。

3）用清水清洗废料桶的内壁；必要时，可用消毒剂对废料桶进行浸泡。

第五节　江苏硕世核酸提取仪

一、仪器的性能

（一）仪器简介

SSNP-9600A型全自动核酸提取仪由机械部分、电气部分和计算机组成，可实现样本条码识别、样品中核酸的分离提取，本产品采用磁棒法吸附转移核酸纯化方式，可兼容市面上各种核酸提取试剂。

仪器采用图形化操作界面，智能语音提醒用户试验前后的注意事项；采用多层紧凑结构和多层同步提取专利技术实现1~96通量样本同步提取，可放入生物安全柜；可存储程序>50000组，内置红外线感应器，可检测提取试剂盒数量和放置位置，提示用户放置磁棒套，运行中仅启动加热有试剂盒的板位，节约能耗；利用外排式HEPA过滤独立风路设计和内置紫外线消毒功能，杜绝交叉污染。可兼容其他品牌试剂盒，满足多种提取需求。用于从全血、血浆、血清、口咽拭子、鼻咽拭子、唾液、肺灌洗液、痰液、分泌物、脱落细胞、尿液、粪便、肛拭子、干血斑、动植物组织、FFPE组织（用福尔马林固定、石蜡包埋的组织样本）、体液、细胞、细菌、病毒（包括新型冠状病毒、乙型肝炎病毒、丙型肝炎病毒、EB病毒（人类疱疹病毒）、艾滋病病毒等）、土壤、石蜡包埋组织、法医检材等多种组织中提取纯化DNA和（或）RNA。兼容20混1、10混1、5混1、单采采样管、常规采血管、离心管等多种样本管。

（二）性能评价

影响核酸提取仪的性能因素有很多，比如样本类型、核酸提取试剂、核酸扩增试剂等。本次主要是基于从咽拭子样本中提取新冠质控品来评估江苏硕世的 SSNP-9600A 型全自动核酸提取仪，评估的参数有精密度、灵敏度、线性范围、防污染能力。仪器与试剂的分配见表 3-16。本次验证使用新型冠状病毒（2019-nCoV）核酸质控品，见表 3-17。

表 3-16　仪器与试剂的分配

类别	名称	厂家	型号/批号
核酸提取仪	全自动核酸提取仪	江苏硕世生物科技股份有限公司	SSNP-9600A
核酸提取试剂	核酸快速提取试剂盒（磁珠法）	江苏硕世生物科技股份有限公司	20210267
扩增试剂	新型冠状病毒核酸检测试剂盒（荧光 PCR 法）	江苏硕世生物科技股份有限公司	20210208
扩增仪器	ABI 7500	ABI	7500

表 3-17　新型冠状病毒（2019-nCoV）核酸质控品

质控品名称	厂家	浓度编号	浓度/（拷贝/mL）	生产日期
标源	郑州标源生物科技有限公司	水平 3	$1.0×10^4$	2020.7.4
和信	广东和信健康科技有限公司	S5	$1.2×10^4$	2021.1.1
邦德盛	广州邦德盛生物科技有限公司	S2	$1.73×10^4$	2021.2.4
康彻思坦	北京康彻思坦生物技术有限公司	S2	$1.0×10^4$	2020.5.27

1. 精密度

（1）试验方法　分别取中浓度（1000 拷贝/mL）和低浓度（500 拷贝/mL）新冠质控品，均匀分成 10 等分，采用提取试剂盒进行核酸提取，将提取出的核酸使用核酸检测试剂进行 PCR 扩增，分别记录其 C_t 值，计算其变异系数 CV，CV 值不大于 5%。

$$CV=(SD/MN)×100\%$$

式中　SD——标准偏差；

　　　MN——平均值。

（2）试验结果（见表 3-18~表 3-21）

表 3-18　标源质控品的检测结果

样本浓度	1000 拷贝/mL		样本浓度	500 拷贝/mL	
	C_t 值			C_t 值	
样本编号	FAM（ORF1ab）	VIC（N）	样本编号	FAM（ORF1ab）	VIC（N）
样本 1	34.43	32.13	样本 1	34.74	32.14
样本 2	34.07	31.66	样本 2	36.80	33.41
样本 3	34.58	32.42	样本 3	35.83	33.12

（续）

样本浓度	1000 拷贝/mL		样本浓度	500 拷贝/mL	
	C_t 值			C_t 值	
样本编号	FAM（ORF1ab）	VIC（N）	样本编号	FAM（ORF1ab）	VIC（N）
样本 4	34.32	31.86	样本 4	35.32	32.54
样本 5	33.94	31.69	样本 5	34.73	32.73
样本 6	33.68	31.41	样本 6	34.47	32.48
样本 7	33.59	31.31	样本 7	36.92	33.77
样本 8	34.55	31.71	样本 8	34.15	32.20
样本 9	34.12	31.61	样本 9	35.38	33.38
样本 10	33.99	31.24	样本 10	35.82	33.18
平均 C_t 值	34.13	31.70	平均 C_t 值	35.42	32.90
变异系数	0.95%	1.09%	变异系数	2.52%	1.60%

检测结果说明：标源质控品的精密度检测结果 CV 值均小于 5%，符合要求。

表 3-19　和信质控品的检测结果

样本浓度	1000 拷贝/mL		样本浓度	500 拷贝/mL	
	C_t 值			C_t 值	
样本编号	FAM（ORF1ab）	VIC（N）	样本编号	FAM（ORF1ab）	VIC（N）
样本 1	35.68	34.68	样本 1	36.42	36.36
样本 2	37.32	37.14	样本 2	38.12	37.30
样本 3	36.86	35.59	样本 3	37.96	37.64
样本 4	36.43	33.95	样本 4	37.28	37.98
样本 5	35.35	35.13	样本 5	36.89	35.58
样本 6	35.55	34.22	样本 6	37.88	36.37
样本 7	35.52	34.82	样本 7	37.71	36.29
样本 8	35.87	34.85	样本 8	40.63	36.56
样本 9	34.89	34.61	样本 9	37.39	37.36
样本 10	35.20	34.10	样本 10	36.52	35.48
平均 C_t 值	35.87	34.91	平均 C_t 值	37.68	36.69
变异系数	2.04%	2.51%	变异系数	1.58%	2.19%

检测结果说明：和信质控品的精密度检测结果 CV 值均小于 5%，但 500 拷贝/mL FAM 通道 C_t 值有 7 个在灰区，VIC 通道有 4 个在灰区。

表 3-20　邦德盛质控品的检测结果

样本浓度	1000 拷贝/mL		样本浓度	500 拷贝/mL	
	C_t 值			C_t 值	
样本编号	FAM（ORF1ab）	VIC（N）	样本编号	FAM（ORF1ab）	VIC（N）
1	33.81	33.04	1	33.73	32.90
2	33.30	32.21	2	34.26	33.92
3	30.85	30.12	3	33.50	33.01
4	32.75	31.75	4	35.13	33.95
5	33.21	32.28	5	37.32	35.05
6	33.83	32.74	6	34.73	33.51
7	32.84	32.28	7	34.97	33.92
8	31.81	30.85	8	34.07	33.34
9	33.54	32.46	9	34.09	33.43
10	31.38	30.72	10	34.81	33.91
平均 C_t 值	32.73	31.84	平均 C_t 值	34.66	33.69
变异系数	3.02%	2.87%	变异系数	2.95%	1.73%

检测结果说明：邦德盛质控品的精密度检测结果 CV 值均小于 5%，符合要求。

表 3-21　康彻思坦质控品的检测结果

样本浓度	1000 拷贝/mL		样本浓度	500 拷贝/mL	
	C_t 值			C_t 值	
样本编号	FAM（ORF1ab）	VIC（N）	样本编号	FAM（ORF1ab）	VIC（N）
1	33.56	34.38	1	33.28	33.42
2	34.04	34.76	2	34.23	35.07
3	33.66	34.09	3	34.07	34.35
4	33.66	34.12	4	33.85	34.20
5	33.55	34.15	5	34.81	35.18
6	33.02	33.67	6	34.54	34.95
7	32.53	32.44	7	33.47	33.30
8	33.26	33.94	8	34.21	34.82
9	33.57	34.14	9	33.94	34.32
10	32.24	32.93	10	35.25	35.67
平均 C_t 值	33.31	33.86	平均 C_t 值	34.17	34.53
变异系数	1.59%	1.94%	变异系数	1.65%	2.09%

检测结果说明：康彻思坦质控品的精密度检测结果 CV 值均小于 5%，符合要求。

2. 灵敏度

（1）试验方法　先根据新冠质控品的浓度，使用 TE 将其稀释为 1000 拷贝/mL，再将其稀释 3 倍，浓度为 333 拷贝/mL，采用提取试剂盒进行提取，做 12 个重复，将提取出的核酸使用核酸检测试剂进行 PCR 扩增，分别记录其 C_t 值，计算其检出率。

（2）试验结果（见表 3-22～表 3-25）

表 3-22　标源质控品的检测结果

检测通道	FAM（ORF1ab）		VIC（N 基因）	
样本编号	是否有扩增曲线	C_t 值	是否有扩增曲线	C_t 值
1	有	35.45	有	32.50
2	有	35.27	有	32.58
3	有	35.38	有	32.88
4	有	34.79	有	32.45
5	有	34.99	有	32.92
6	有	35.67	有	32.92
7	有	37.19	有	34.34
8	有	36.81	有	33.62
9	有	35.69	有	33.92
10	有	36.25	有	33.58
11	有	35.68	有	33.38
12	有	34.68	有	32.80
检出率	100%		100%	

检测结果说明：标源质控品稀释为 333 拷贝/mL 来检测最低检出限，FAM 通道检出率为 100%，VIC 通道检出率 100%。

表 3-23　和信质控品的检测结果

检测通道	FAM（ORF1ab）		VIC（N 基因）	
样本编号	是否有扩增曲线	C_t 值	是否有扩增曲线	C_t 值
1	有	36.25	有	36.25
2	有	36.13	有	36.17
3	有	36.13	有	35.77
4	有	36.69	有	35.74
5	有	36.23	有	36.34
6	有	37.45	有	36.70
7	有	36.88	有	36.50
8	有	36.87	有	35.56
9	有	37.03	有	36.55
10	有	36.97	有	36.65
11	有	35.99	有	36.19
12	有	36.41	有	36.36
检出率	100%		100%	

检测结果说明：和信质控品稀释为 333 拷贝/mL 来检测最低检出限，FAM 通道检出率为 100%，VIC 通道检出率 100%。

表 3-24　邦德盛质控品的检测结果

检测通道	FAM（ORF1ab）		VIC（N 基因）	
样本编号	是否有扩增曲线	C_t 值	是否有扩增曲线	C_t 值
1	有	33.85	有	33.28
2	有	34.34	有	33.41
3	有	35.03	有	33.79
4	有	35.68	有	34.58
5	有	35.43	有	34.39
6	有	34.66	有	33.58
7	有	34.34	有	34.02
8	有	36.52	有	35.64
9	有	34.50	有	34.23
10	有	34.81	有	33.62
11	有	35.18	有	34.37
12	有	34.46	有	33.77
检出率	83.33%		100%	

检测结果说明：邦德盛质控品稀释为 333 拷贝/mL 来检测最低检出限，FAM 通道检出率为 83.33%，VIC 通道检出率 100%，符合要求。

表 3-25　康彻思坦质控品的检测结果

检测通道	FAM（ORF1ab）		VIC（N 基因）	
样本编号	是否有扩增曲线	C_t 值	是否有扩增曲线	C_t 值
1	有	34.13	有	34.58
2	有	36.88	有	37.62
3	有	35.00	有	35.15
4	有	36.08	有	36.57
5	有	35.74	有	36.54
6	有	35.25	有	35.79
7	有	37.65	无	—
8	有	35.39	有	36.11
9	有	34.99	有	35.44
10	有	36.27	有	36.49
11	有	35.03	有	35.33
12	有	34.88	有	35.32
检出率	100%		91.67%	

检测结果说明：康彻思坦质控品稀释为 333 拷贝/mL 来检测最低检出限，FAM 通道检出率为 100%，VIC 通道检出率 91.67%。

3. 线性的试验方法和结果

（1）试验方法　取高浓度（10^8 拷贝/mL）新冠假病毒，按 10 倍梯度稀释，共稀释 5 个梯度，每个梯度采用提取试剂盒进行 3 次核酸提取，将提取出的核酸使用核酸检测试剂进行 PCR 扩增，分别记录其平均 C_t 值，计算其线性回归方程。

（2）试验结果（见表 3-26 和图 3-30）

表 3-26　试验结果

样本浓度	10^8 拷贝/mL		样本浓度	10^7 拷贝/mL	
	C_t 值			C_t 值	
样本编号	FAM（ORF1ab）	VIC（N）	样本编号	FAM（ORF1ab）	VIC（N）
1	19.58	18.94	1	22.77	22.25
2	19.53	19.02	2	22.85	22.05
3	19.63	19.20	3	22.97	22.11
平均 C_t 值	19.58	19.06	平均 C_t 值	22.87	22.14
样本浓度	10^6 拷贝/mL		样本浓度	10^5 拷贝/mL	
	C_t 值			C_t 值	
样本编号	FAM（ORF1ab）	VIC（N）	样本编号	FAM（ORF1ab）	VIC（N）
1	25.95	25.31	1	29.12	28.81
2	25.91	25.30	2	29.33	28.74
3	25.90	25.47	3	29.34	28.80
平均 C_t 值	25.92	25.36	平均 C_t 值	29.27	28.78
样本浓度	10^4 拷贝/mL				
	C_t 值				
样本编号	FAM（ORF1ab）	VIC（N）			
1	32.88	32.27			
2	32.48	32.60			
3	32.56	32.35			
平均 C_t 值	32.64	32.41			

4. 交叉污染

（1）试验方法　取高浓度新冠样颗粒，将病毒样颗粒稀释至 C_t 值为 18 左右（模拟阳性样本），采取人工加样本的方式和阴性对照交叉分布加样；加样完成后，将提取板按要求放置于仪器内正确位置，设置正确程序进行提取，提取结束后加核酸至扩增试剂（需先预混），上机扩增。

（2）试验结果　核酸提取交叉污染试验结果如图 3-31 所示，核酸提取没有出现交叉污染。

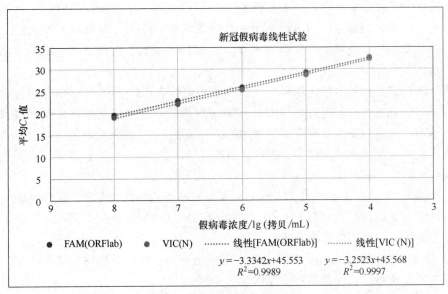

图 3-30　核酸提取线性试验

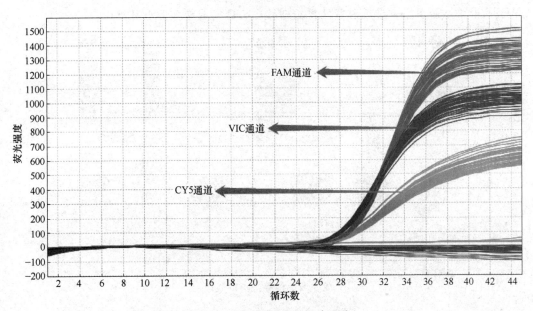

图 3-31　核酸提取交叉污染实验

5. 移液性能

SSNP-9600A 型全自动核酸提取仪属于磁棒法提取仪，是通过磁棒对磁珠的吸附将磁珠从废液中分离开，放入下一步的液体中，实现核酸的提取和纯化，所以不需要具有移液功能。

（三）磁珠法核酸提取的原理

磁珠法核酸提取的原理是通过裂解结合液裂解细胞组织样本，从样本中释放出来的游离核酸分子被特异地吸附到磁性颗粒表面，蛋白质、糖等杂质不被吸附而留在溶液中。利用磁棒和磁套分离和组合使用，将吸附携带核酸的磁珠移动至不同的试剂槽内，通过反复快速往返地搅拌、混匀液体，经过细胞裂解、核酸吸附、洗涤与洗脱等步骤，最终得到纯净的核酸。

磁珠法核酸自动提取仪一般可分为磁棒法和抽吸法两种。SSNP-9600A 型全自动核酸提取仪属于磁棒法，即通过磁珠的转移来实现核酸的分离纯化。该仪器通过仪器里磁棒的运动，来实现磁珠从样本裂解液/结合液到洗涤液，再到洗脱液的转移，从而自动完成核酸分离与纯化的全过程。磁棒法提取原理如图 3-32 所示。其过程包括以下几个步骤：

1）裂解吸附：在含磁珠的裂解液中加入待处理样品，充分混合，裂解细胞（适当加热有助于细胞的裂解），释放的核酸在高盐低 pH 下特异性地吸附到磁珠上，而蛋白质等分子则不被吸附而留在溶液中。

2）洗涤：在磁棒的磁场作用下，磁珠与溶液分离，磁棒将磁珠转移至洗涤缓冲液中，经过反复洗涤，去除蛋白质、无机盐等杂质。

3）洗脱：洗涤结束后，磁棒又将磁珠转移至洗脱缓冲液中，在低盐高 pH 下核酸从磁珠上被洗脱下来，最后磁棒又将磁珠移出，即完成核酸的全部提取。

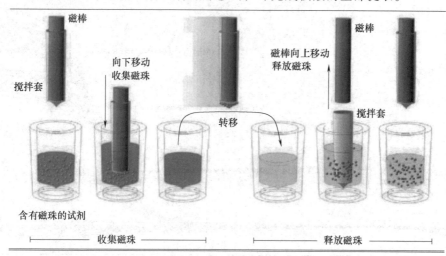

图 3-32 磁棒法提取原理

（四）仪器的技术要求与安装要求

1. 仪器的技术要求（见表 3-27）

表 3-27 仪器的技术要求

要求	内容
功能	实现样本的核酸提取功能
每次通量/每小时通量	96/384
板位	6 个板位，每个板位最多 16 人份

（续）

要求		内容
使用耗材		8连磁套
使用试剂		1/8/16人份预分装提取试剂（圆底深孔板）
处理体积		20μL～1000μL
混匀模式		振荡混合，多模式、多档速度可调（>20档）
屏幕尺寸		10.1in
声音提示		包含提醒插入磁套，提醒提取完成等语音提示，可以调整为英语提示
照明		—
接口		对外接口：电源接口；内部接口：USB
通信方式		USB转EIA-485
防污染		左、右两侧的4个独立HEPA风道
电源		100V～240V,50Hz～60Hz
产品外形	整机质量	45kg
	整机尺寸	600×410×575mm
使用环境	环境温度	10℃～40℃
	相对湿度	10%～90%（无蒸气冷凝）
	海拔	$860×10^2Pa～1060×10^2Pa$
运输环境	环境温度	−10℃～50℃；
	相对湿度	10%～90%（无蒸气冷凝）
温控范围		室温～120℃
温控精度		±1℃
提取孔间差		CV<3%
磁珠回收率		≥98%
运行噪声		≤60dB
使用寿命		6年
产品认证		1. 医疗器械备案凭证：苏泰械备20200158 2. CE认证

2. 安装要求

（1）仪器安装环境

1）位置：室内使用，工作台能承重200kgf/m²（$1kgf/m^2=9.80665×10^{-6}MPa$）。

2）工作温度：10℃～40℃。

3）工作湿度：10%～90%（相对湿度，无蒸气冷凝）

4）大气压：$860×10^2Pa～1060×10^2Pa$

（2）放置位置 周围通风、排风符合要求的PCR实验室或生物安全柜，距离其他仪器0.5m以上。

二、仪器的操作

（一）仪器开展的检测项目

配套磁珠法核酸提取试剂盒，用于临床样本中核酸的提取、纯化。

（二）操作规程

1. 操作流程

1）接通电源，打开电源开关。

2）将加样后的 96 孔深孔板缺口朝外放入试验仓中，将搅拌套推入直到卡槽卡到位，认真确认 96 孔深孔板和搅拌套到位后，关闭试验仓。

3）在操作界面单击"仪器操作"按钮，进入程序设置界面，根据使用的提取试剂盒说明书设置运行程序，确认程序无误后，单击"运行"，开始提取试验。（注意：程序运行中，设备无异常时，不要打开仓门）。

4）程序正常运行结束后，蜂鸣器发出长鸣声提示试验结束，在操作界面确认程序运行结束后，打开仓门，弃掉搅拌套，取出 96 孔深孔板。

5）关闭仓门，在操作界面返回主菜单，单击"紫外线灯"，进入紫外线灯消毒操作界面，单击"开始"，则开始工作，正常照射时间为 30min，消毒结束后紫外线灯自动关闭。（注意：紫外线灯开启时，不要打开仓门）。

6）紫外线灯消毒结束后，使用 75% 乙醇棉球清洁试验仓、磁棒及加热条。

2. 试验前准备

（1）检测人员　实验室检测技术人员应当具备相关专业的大专以上学历或具有中级及以上专业技术职务任职资格，并有 2 年以上的实验室工作经历和基因检验相关培训合格证书。实验室配备的工作人员应当与所开展检测项目及标本量相适宜，以保证及时、熟练地进行试验和报告结果，保证结果的准确性。

（2）实验室分区要求　原则上开展新冠核酸检测的实验室应当设置以下区域：试剂储存和准备区、标本制备区、扩增和产物分析区。这 3 个区域在物理空间上应当是完全相互独立的，不能有空气的直接相通。

（3）主要仪器设备　实验室应当配备与开展检验项目相适宜的仪器设备，包括核酸提取仪、医用 PCR 扩增仪、生物安全柜、病毒灭活设备（适用时，如水浴锅等）、保存试剂和标本的冰箱和冰柜、离心机、不间断电源（UPS）或备用电源等。

（4）实验室检测　实验室接到标本后，应当在生物安全柜内对标本进行清点核对。按照标准操作程序进行试剂准备、标本前处理、核酸提取、核酸扩增、结果分析及报告。实验室应当建立可疑标本和阳性标本复检的流程。

1）试剂准备，应当选择国家药品监督管理局批准的试剂，并在选择标本采样管和核酸提取试剂时，使用试剂盒说明书上建议的配套标本采样管和提取试剂。核酸提取方法与标本保存液和灭活方式相关，有些核酸提取试剂（如磁珠法或者一步法）容易受到胍盐或保存液中特殊成分的影响，特别是一步法提取多需要使用试剂厂家配套的标本采样管。

2）标本前处理，已经使用含胍盐的灭活型标本采样管的实验室，这一环节无须进行灭活处理，直接进行核酸提取，而使用非灭活型标本采样管的实验室，则有 56℃ 孵育 30min 热灭活的处理方式。

3. 试验运行注意事项

1）采取适当的个体防护措施，包括穿戴手套、口罩和隔离衣等。开展新冠核酸检测的实验室应当制定实验室生物安全相关程序文件及实验室生物安全操作失误或意外的处理操作程序，并有记录。

2）核酸提取。将灭活后的标本取出，在生物安全柜内打开标本采集管加样。

3）仪器使用时保证仪器四周通风。

4）确保仪器电源开启后再打开软件。

5）仪器工作时不要将手放在仪器工作区。

4. 试验完成注意事项

1）不要用裸手触摸用过的试剂盒、样本管和分液针头，这样有可能引起污染。如身体任何部位接触到被污染的耗材，立即在流水下彻底冲洗被污染的部位，然后用乙醇消毒。必要时就医。

2）核酸提取完成后，立即将提取物进行封盖处理。在生物安全柜内将提取核酸加至 PCR 扩增反应体系中。

3）试验结束，使用 75% 乙醇清洁试验仓，并开启紫外线灯照射 30min 以上进行消毒。

4）实验室空气清洁。实验室每次检测完毕后，可采用房间固定和/或可移动紫外线灯进行紫外线照射 2h 以上。必要时可采用核酸清除剂等试剂清除实验室残留核酸。

5）工作台面清洁。每天试验后，使用 0.2% 含氯消毒剂或 75% 乙醇进行台面、地面清洁。

6）生物安全柜消毒。试验使用后的耗材废弃物放入医疗废物垃圾袋中，包扎后使用 0.2% 含氯消毒液或 75% 乙醇喷洒消毒其外表面。手消毒后将垃圾袋带出生物安全柜放入实验室废弃物转运袋中。试管架、试验台面、移液器等使用 75% 乙醇进行擦拭。随后关闭生物安全柜，紫外线灯照射 30min。

7）转运容器消毒。转运及存放标本的容器使用前后需使用 0.2% 含氯消毒剂或 75% 乙醇进行擦拭或喷洒消毒。

8）塑料或有机玻璃材质物品清洁：使用 0.2% 含氯消毒剂、过氧乙酸或过氧化氢擦拭或喷洒。

（三）维护保养

1）每次使用，务必装上干净的搅拌套，避免造成磁棒污染、损坏；确保 96 深孔板放置到位后，确认磁棒位于 96 孔深孔板的孔中央。

2）每次使用全自动核酸提取仪后，先用紫外线灯消毒 30min，再用 75% 乙醇棉球清洁试验仓、磁棒及加热条。

3）仪器使用时保证左右两边的出风口没有遮挡。

4）如仪器不正当使用出现死机时，关闭电源重新起动仪器。

5）试验结束，使用 75% 乙醇清洁试验仓，并开启紫外线灯照射 30min 以上进行消毒。

6）定期清洁仪器表面及试验仓，避免使用强碱、浓乙醇和有机溶剂溶液。

7）不要在电压不稳、过高、过低时使用仪器。

8）保持试验仓内环境较为干燥，无水渍等物。

第六节　罗氏诊断核酸提取仪

一、仪器的性能

（一）仪器简介

MagNA Pure 96 型全自动核酸提取仪，采用双机械臂实现样本和试剂独立操作，96 个样本的最快提取时间小于 30min；采用专利 CO-RE（压缩 O 形环扩张）技术确保移液量准确；洗脱产物配备冷藏模块，保持核酸稳定性；红外线感应器、凝块监测及体积监测，减少误差；采用装有预装式即用型试剂的优化试剂盒；通过双机械臂、紫外线灯及防滴液装置实现防污染功能；适用样本包括细菌、真菌、全血、白细胞、外周血、单核细胞、培养细胞、组织、石蜡包埋组织切片、体液、拭子、粪便、尿液、痰液、食品等。

（二）性能评价

1. 精密度

一系列梯度稀释的样本，分别检测微小病毒 B19 和甲型肝炎病毒，以确定重复性和重现性。重复性基于单次试验内复孔的结果计算所得；重现性基于由不同操作者在不同设备、不同实验室运动的 3 次试验结果计算所得。微小病毒 B19 和甲型肝炎病毒精密度试验如图 3-33 所示。

结论：MagNA Pure 96 提取样本的结果具有非常高的批内和批间重复性（$CV <$ 2%），并且表现出良好的试剂批间一致性，如图 3-33 所示。

2. 检测限（灵敏度）

检测限（LoD）可由 MagNA Pure 96 DNA 和病毒核酸试剂盒获得，该试剂盒与 MagNA Pure 96 联用可进行自动化核酸提纯。通过微小病毒 B19 和甲型肝炎病毒的病毒库存材料（均仅供内部使用），可对检测限进行评估。参数设计见表 3-28，确定 LoD 的试验设置见表 3-29。

用 Viral NA Universal LV 提纯方案从样本 EDTA 血浆中提纯病毒稀释液确定的微小病毒 B19 的检测限如图 3-34 所示。LoD 95 为 68 拷贝/mL。相关置信区间为 48 拷贝/mL ~ 156 拷贝/mL。

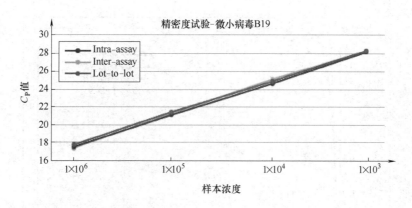

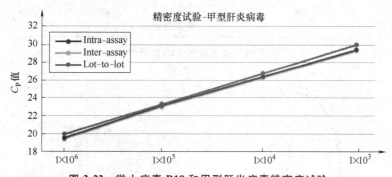

图 3-33 微小病毒 B19 和甲型肝炎病毒精密度试验

表 3-28 参数设计

参数	微小病毒 B19	甲型肝炎病毒
试剂盒类型	MagNA Pure 96 DNA 和病毒核酸试剂盒	MagNA Pure 96 DNA 和病毒核酸试剂盒
提纯方案	Viral NA Universal LV［病毒核酸提取通用型提取方案（大体积）］	Viral NA Universal LV
样本类型	EDTA 血浆	EDTA 血浆
样本输入体积	500μL	500μL
洗脱体积	50μL	50μL
样本稀释	8 个不同的病毒滴度，2×10^1 拷贝/mL~5×10^7 拷贝/mL	8 个不同的病毒滴度，3×10^1 拷贝/mL~1×10^9 拷贝/mL
总体可用的数据点	172	176

表 3-29 确定 LoD 的试验设置

参数	微小病毒 B19	甲型肝炎病毒
检测限 LoD 95	68 拷贝/mL；置信区间 48 拷贝/mL~156 拷贝/mL	119 拷贝/mL；置信区间 75 拷贝/mL~279 拷贝/mL

用 Viral NA Universal LV 方案从 EDTA 血浆中提纯病毒稀释液确定的甲型肝炎病毒的检测限如图 3-35 所示。LoD 95 为 119 拷贝/mL。相关置信区间为 75 拷贝/mL~279 拷贝/mL。

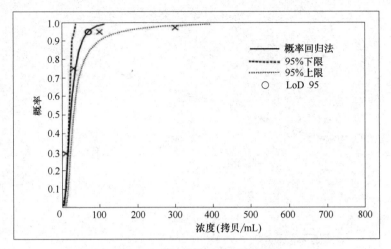

图 3-34　微小病毒 B19 的检测限

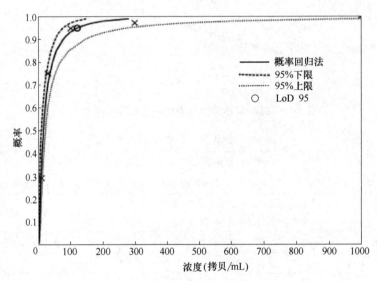

图 3-35　甲型肝炎病毒的检测限

3. 线性范围

线性范围可由 MagNA Pure 96 DNA 和病毒核酸试剂盒获得，该试剂盒与 MagNA Pure 96 联用可进行自动化核酸提纯。通过微小病毒 B19 和甲型肝炎病毒的病毒库存材料（均仅供内部使用），可对线性范围进行评估。参数设计见表 3-30，试验设置见表 3-31。

表 3-30　参数设计

参数	微小病毒 B19	甲型肝炎病毒
试剂盒类型	ManNA Pure 96 DNA 和病毒核酸试剂盒	MagNA Pure 96 DNA 和病毒核酸试剂盒
提纯方案	Viral NA Universal LV	Viral NA Universal LV

（续）

参数	微小病毒 B19	甲型肝炎病毒
样本类型	EDTA 血浆	EDTA 血浆
样本输入体积	500μL	500μL
洗脱体积	50μL	50μL
样本稀释	8 个不同的病毒滴度， 20 拷贝/mL～5×10^7 拷贝/mL	8 个不同的病毒滴度， 30×10 拷贝/mL～1×10^9 拷贝/mL
总体可用的数据点	172	176

表 3-31　试验设置

参数	微小病毒 B19	甲型肝炎病毒
线性范围	2×10^2 拷贝/mL～5×10^6 拷贝/mL	3×10^3 拷贝/mL～1×10^9 拷贝/mL

用 Viral NA Universal LV 方案从 EDTA 血浆中提纯微小病毒 B19 确定的线性范围如图 3-36 所示。该应用得到的线性范围为 2×10^2 拷贝/mL～5×10^6 拷贝/mL。图 3-36 中 *SVT* 表示掺标病毒滴度，*MVT* 表示测得病毒滴度。

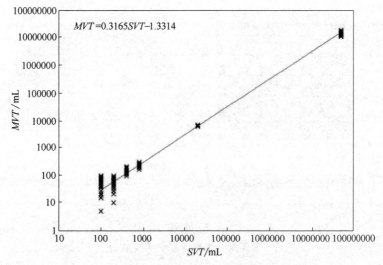

图 3-36　线性范围（微小病毒 B19）

用 Viral NA Universal LV 方案从 EDTA 血浆中提纯甲型肝炎病毒确定的线性范围如图 3-37 所示。该应用得到的线性范围为 3×10^3 拷贝/mL～1×10^9 拷贝/mL。图 3-37 中 *SVT* 表示掺标病毒滴度，*MVT* 表示测得病毒滴度。

4. 交叉污染

采用微小病毒 B19，样本为 EDTA 血浆，阳性样本 5×10^7 拷贝/mL 与阴性对照交叉分布提取，以检测 MagNA Pure 96 系统是否存在潜在污染。

在 MagNA Pure 96 系统上进行 3 次提取运行（每次运行中对棋盘式排列的 48 份血浆样本和 48 份阴性样本进行纯化），随后在 LightCycler 480 Ⅱ 仪器上进行分析，未观察到提取交叉污染，如图 3-38 所示。

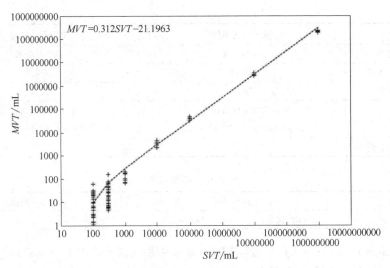

图 3-37　线性范围（甲型肝炎病毒）

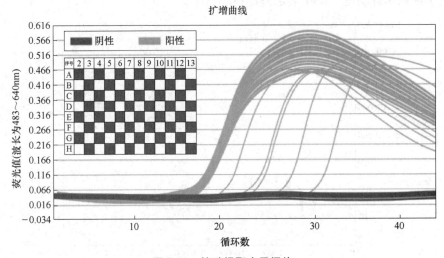

图 3-38　核酸提取交叉污染

5. 得率和纯度

通过 MagNA Pure 96 从全血中提纯基因组 DNA，分离核酸的产量和纯度通过 A_{260}/A_{280} 测量。DNA 产量和纯度分析的试验设置见表 3-32，DNA 产量和纯度的试验结果（平均值）见表 3-33。

表 3-32　DNA 产量和纯度分析的试验设置

试剂盒类型	MagNA Pure 96 DNA 和病毒核酸试剂盒
试验程序	DNA Blood SV
样本类型	全血（$7.6×10^6$ 个白细胞/mL）
样本输入体积	200μL
洗脱体积	100μL
复孔	24

表 3-33　DNA 产量和纯度的试验结果（平均值）

项目	第 1 批	第 2 批	第 3 批
产量/μg	5.6	5.6	5.5
$CV(\%)$	3.9	5.5	6.5
A_{260}/A_{280}	1.9	1.9	1.9
$CV(\%)$	2.5	4.4	1.8

注：产量主要取决于血细胞计数，不同捐献者的结果存在差异。

（三）核酸提取原理

核酸分离流程基于 MagNA Pure 的磁性玻璃颗粒（magnetic glass particle，MGP）技术，提取原理图如图 3-39 所示。

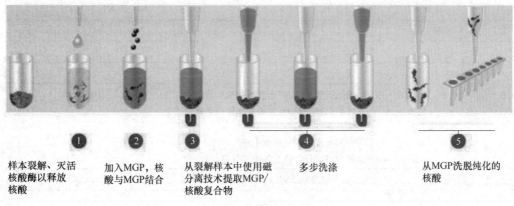

① 样本裂解、灭活核酸酶以释放核酸　② 加入MGP，核酸与MGP结合　③ 从裂解样本中使用磁分离技术提取MGP/核酸复合物　④ 多步洗涤　⑤ 从MGP洗脱纯化的核酸

图 3-39　提取原理图

MagNA Pure 96 核酸分离流程的关键步骤为：

1）样本裂解、灭活核酸酶以释放核酸。

2）在离液盐存在、裂解/结合缓冲液提供高离子强度的情况下，核酸与加入的 MGP 硅胶表面结合。

3）在磁性作用下，MGP 与核酸结合，与残余裂解样品分离。

4）通过多次洗涤步骤去除未结合的物质（如蛋白质、细胞碎片和 PCR 抑制剂）。

5）纯化的核酸从 MGP 上洗脱。

（四）仪器的技术要求与安装要求

1. 仪器的技术要求（见表 3-34）

表 3-34　仪器的技术要求

要求	内容
功能	实现样本基因组 DNA、总核酸、RNA，以及游离核酸的提取；同时额外配有核酸分液功能
每次通量/每小时通量	1~192

（续）

要求		内容
使用耗材		纯化处理槽 纯化用吸头 塑料收集板 缓冲液
使用试剂		MagNA Pure 96 基因组 DNA 和病毒核酸提取试剂盒（小体积） MagNA Pure 96 基因组 DNA 和病毒核酸提取试剂盒（大体积） MagNA Pure 96 细胞 RNA 提取试剂盒（大体积）
处理体积		50μL~4000μL
混匀模式		枪头吹打混匀
屏幕尺寸		19in
声音提示		无
照明		无
接口		LIS
通信方式		无
防污染		枪头内置滤芯,防止气溶胶交叉污染 专利的移液技术,保证移液体积准确性 紫外线灯灭菌 废液导流防止气溶胶生成 密封过滤设计防止气溶胶外溢
电源		100V~125V,200V~240V
产品外形	整机质量	235kg
	整机尺寸	136cm×81.5cm×100cm
使用环境	环境温度	15℃~32℃
	相对湿度	30%~80%
	海拔	0m~2000m
运输环境	环境温度	15℃~32℃
	相对湿度	30%~80%
温控范围		20℃~100℃
温控精度		无
提取孔间差		无
磁珠回收率		无
运行噪声		<60dB(A)
使用寿命		10 年以上
产品认证		NMPA,CE-IVD,FDA,ISO 13485

2. 安装要求

（1）仪器安装环境的要求（见表 3-35）

表 3-35　仪器安装环境的要求

项　　目	参　　数
运输/储存/包装期间的容许温度	−20℃~60℃
运输/储存/包装期间的容许相对湿度	10%~95%,无冷凝
操作期间的容许温度	15℃~32℃
操作期间的容许相对湿度	30%~80%,无冷凝
操作期间的容许海拔/压力	0m~2000m,80kPa~106kPa
操作期间的容许污染等级	2级(IEC 61010-1)

（2）放置位置

1）将仪器放在平坦、稳定且无振动的表面上。

2）在常规使用中，允许仪器左右两侧的距离为 10cm。

3）不要将仪器放在任何可能产生电气噪声、电压波动或电感的设备旁（如冰箱），否则可能干扰仪器运行。

4）冷却板的进风口（仪器底部的前部中央）必须无障碍物。

（3）其他要求　MagNA Pure 96 软件支持连接到实验室信息管理系统（LIMS），以进行数据传输。

二、仪器的操作

（一）仪器开展的检测项目

用于临床及科研各类生物样本自动化核酸提取，配合下游核酸检测项目。

（二）操作规程

1. 操作流程

开机→设计提取方案→编辑样本信息→放置试剂耗材→运行试验→保存核酸→清理废弃物和已使用的耗材→关机。

2. 试验前准备

1）人员要求：穿戴防护服、头套、脚套、塑胶手套等进行操作确保安全。

2）仪器要求：仪器干净无试剂、核酸污染，定期维护保养。

3）试剂要求：试剂确保在有效期内，二次使用的试剂从冰箱拿出后需室温平衡 30min。

4）环境要求：运行支撑台面稳定，电压正常，温度和湿度在要求范围。

5）样本要求：确保操作中生物安全，传染性样本需外部灭活处理，低温−80℃长期保存。

3. 试验运行注意事项

试验运行中应无人工干预，防止突然断电等意外导致提取中断。

4. 试验完成注意事项

及时清理废弃液体和耗材，低温保存提取结束的核酸样本。

（三）维护保养

定期维护保养，仪器内置自动运行日保养，可联系售后热线指导操作。

第七节　圣湘生物核酸提取仪

一、仪器的性能

（一）仪器简介

Natch CS2-S-S13A 型全自动核酸提取仪可自动完成样本条码识别、移液加样、核酸提取和提取产物的转移、分配，并对样本处理全程进行跟踪记录、信息管理。

仪器采用一体式自动修正机械臂，通过自动调整确保加样定位不受干扰；振荡温控模块可实现边加热裂解边振荡混匀，全自动处理 96 个样本的最快速度为 30min；同一批次核酸产物可分配至 6 个 PCR 反应体系中或构建 6 种不同项目标 PCR 反应体系；通过合理分区及探测功能、带滤芯吸头、针尖空气间隙回吸、防液体滴落、负压、紫外线、固液分离等设置实现防污染；样本类型包括：血清、拭子、全血、生殖道分泌物等。可兼容常规采血管、离心管等开盖上机。

（二）性能评价

1. 精密度

浓度为 $1×10^5$ 拷贝/mL 及 $1×10^3$ 拷贝/mL 的新冠质粒，批量提取样本，采用 CV 分析，$CV<1\%$，新冠质粒批量提取精密度如图 3-40 所示。

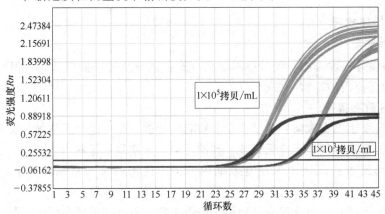

图 3-40　新冠质粒批量提取精密度

稀释浓度为 $1×10^5$ IU/mL、$1×10^3$ IU/mL 及 $1×10^2$ IU/mL 的 HBV 样本，批量提取样本，采用 CV 分析，$CV<2\%$，HBV 样本批量提取精密度如图 3-41 所示。

2. 灵敏度

浓度为 50 拷贝/mL 的新冠假病毒稀释样本，重复提取 20 个样本，检出率为 95%，新冠假病毒稀释样本核酸提取灵敏度如图 3-42 所示。

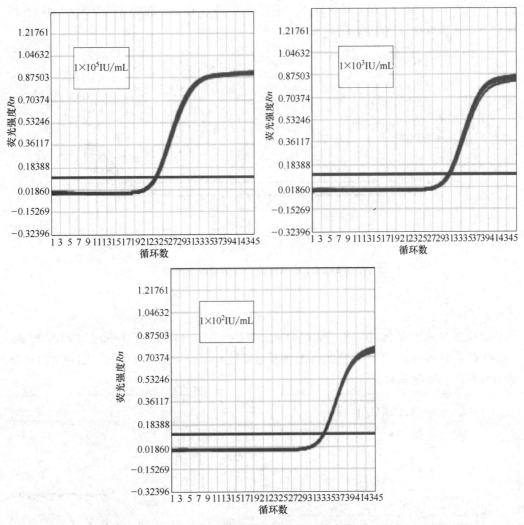

图 3-41　HBV 样本批量提取精密度

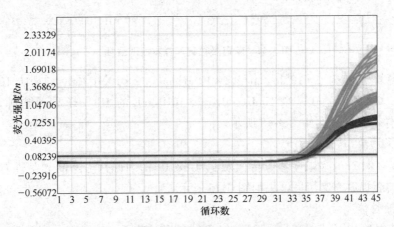

图 3-42　新冠假病毒稀释样本核酸提取灵敏度

浓度为 8IU/mL 的 HBV 稀释样本，重复提取 20 个样本，检出率为 100%，HBV 稀释样本核酸提取灵敏度如图 3-43 所示。

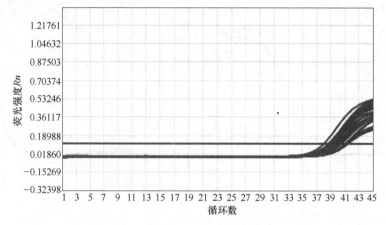

图 3-43　HBV 稀释样本核酸提取灵敏度

3. 线性

提取稀释浓度为 1×10^{8} 拷贝/mL、1×10^{7} 拷贝/mL、1×10^{6} 拷贝/mL、1×10^{5} 拷贝/mL、1×10^{4} 拷贝/mL、1×10^{3} 拷贝/mL 的新冠质粒样本，得到 $R^2>0.98$，新冠质粒稀释样本提取线性如图 3-44 所示。

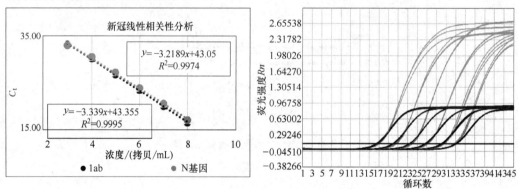

图 3-44　新冠质粒稀释样本提取线性

提取稀释浓度为 2×10^{8} IU/mL、2×10^{7} IU/mL、2×10^{6} IU/mL、2×10^{5} IU/mL、2×10^{4} IU/mL、2×10^{3} IU/mL、2×10^{2} IU/mL、2×10 IU/mL 的 HBV 样本，得到 $R^2>0.98$，HBV 稀释样本提取线性如图 3-45 所示。

4. 交叉污染

浓度为 1×10^{7} 的强阳性参考品、浓度为 1×10^{4} 的弱阳性参考品和阴性对照交叉分布提取，核酸提取交叉污染结果如图 3-46 所示。

5. 移液性能

移液范围为 $10\mu L\sim50\mu L$ 时，重复性≤2.5%；移液范围≥50μL 时，重复性≤0.4%。

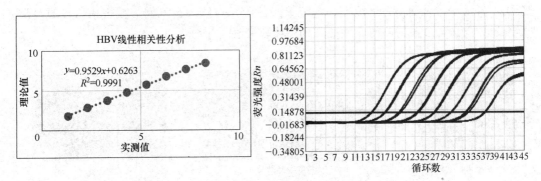

图 3-45　HBV 稀释样本提取线性

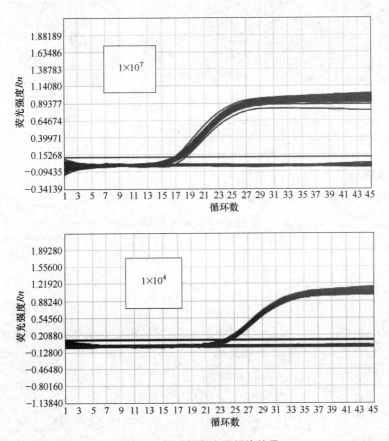

图 3-46　核酸提取交叉污染结果

（三）核酸提取原理

Natch CS2-S-S13A 基于磁珠法原理能够搭配不同种类的磁珠核酸提取试剂，可以提取动、植物组织，血液及体液等样本中的核酸。磁珠提取原理图如图 3-47 所示，磁珠法核酸提取一般可以分为 4 步：裂解→结合→洗涤→洗脱，即通过裂解液裂解细胞组织样本，从样本中游离出来的核酸分子与磁珠在一定条件下特异性结合，蛋白质等杂质不与磁珠结合而留在溶液中，携带核酸的磁珠被移动至不同的试剂槽内，通过反复混匀、洗涤与洗脱等步骤，最终得到纯净核酸。

加样本、试剂　　　　　　　裂解DNA释放　　　　　　　磁珠吸附

去废液、洗涤、去废液　　　　　　　　DNA洗脱

图 3-47　磁珠提取原理图

（四）仪器的技术要求与安装要求

1. 仪器的技术要求（见表 3-36）

表 3-36　仪器的技术要求

要求	内容
功能	实现样本的核酸提取功能
通量	96
板位	6
使用耗材	96 孔深孔板、200/1000μL 枪头、试剂槽、冻存管、八连管、过滤网等
处理体积	50μL~1000μL
混匀模式	全向流体涡旋混匀
移液性能	移液体积为 10μL 时，$CV \leqslant 2.5\%$；移液体积为 50μL 时，$CV \leqslant 0.4\%$
加样功能	自动液面探测、凝块探测、Tip 头检测、气密性检测功能
屏幕尺寸	10.4in
声音提示	有
照明	有
接口	USB，RS 232 端口，支持 LIS 系统
通信方式	RS 232 端口
防污染	防滴液控制，紫外线灯灭菌，空气过滤系统
电源	电压：AC100V~120V/200V~240V，频率：50Hz~60Hz

（续）

要求		内容
产品外形	整机质量	约 340kg
	整机尺寸（长×宽×高）	1320mm×850mm×1600mm
使用环境	环境温度	15℃~35℃
	相对湿度	30%~90%
	海拔	2000m
运输环境	环境温度	−20℃~55℃
	相对湿度	≤93%
温控范围		室温~120℃
温控精度		2%
提取孔间差		$CV \leqslant 5\%$
磁珠回收率		≥98%
运行噪声		≤65dB
使用寿命		5 年
产品认证		一类备案、CE 等

2. 安装要求

（1）仪器安装环境的要求（见表 3-37）

表 3-37　仪器安装环境的要求

使用环境	环境温度	15℃~35℃
	相对湿度	30%~90%
	海拔	2000m

（2）放置位置　在机器背后和机器两侧留出足够的空间，否则可能会散热不佳，导致机器内部温度上升而发生故障。

仪器放置的空间需大于机器外形尺寸，确保维修、紧急关闭电源需要的空间，空间需满足以下条件：

1）仪器左侧与墙壁（或相邻物）的距离≥10cm；

2）仪器右侧、背部与墙壁（或相邻物）的距离≥20cm。

3）仪器正前方的保留空间需要大于 60cm。

（3）其他要求　使用 U 盘进行传输。

二、仪器的操作

（一）仪器开展的检测项目

用于临床及科研各类生物样本自动化核酸提取，配合下游核酸检测项目。主要开展的检测项目见表 3-38。

表 3-38　检测项目

类　　别		项目类型
肝炎系列	乙型肝炎病毒核酸定量检测试剂盒（PCR-荧光探针法）	NMPA
	乙型肝炎病毒核酸检测试剂盒（PCR-荧光法）	NMPA
	乙型肝炎病毒基因分型检测试剂盒（PCR-荧光探针法）	NMPA
	乙型肝炎病毒 YMDD 基因突变检测试剂盒（PCR-荧光探针法）	NMPA
	丙型肝炎病毒核酸定量检测试剂盒（PCR-荧光探针法）	NMPA
	丙型肝炎病毒核酸检测试剂盒（PCR-荧光法）	NMPA
	丙型肝炎病毒基因分型检测试剂盒（PCR-荧光探针法）	NMPA
妇科感染系列	沙眼衣原体核酸检测试剂盒（PCR-荧光探针法）	NMPA
	解脲脲原体核酸检测试剂盒（PCR-荧光探针法）	NMPA
	淋球菌核酸检测试剂盒（PCR-荧光探针法）	NMPA
	单纯疱疹病毒 2 型核酸检测试剂盒（PCR-荧光探针法）	NMPA
	沙眼衣原体/解脲脲原体/淋球菌核酸检测试剂盒（PCR-荧光探针法）	NMPA
	人乳头瘤病毒（6、11 型）核酸检测试剂盒（PCR-荧光探针法）	NMPA
	15 种高危型人乳头瘤病毒核酸检测试剂盒（PCR-荧光探针法）	NMPA
	高危型人乳头瘤病毒核酸（分型）检测试剂盒（PCR-荧光探针法）	NMPA
	人乳头瘤病毒（16、18 型）核酸检测试剂盒（PCR-荧光探针法）	NMPA
儿科呼吸道系列	肠道病毒 71 型核酸检测试剂盒（PCR-荧光探针法）	NMPA
	肠道病毒通用型核酸检测试剂盒（PCR-荧光探针法）	NMPA
	柯萨奇病毒 A16 型核酸检测试剂盒（PCR-荧光探针法）	NMPA
	人巨细胞病毒核酸定量检测试剂盒（PCR-荧光探针法）	NMPA
	α-地中海贫血基因检测试剂盒［gap-PCR（差距聚合酶链式反应）法］	NMPA
	EB 病毒核酸定量检测试剂盒（PCR-荧光探针法）	NMPA
	结核分枝杆菌核酸检测试剂盒（PCR-荧光探针法）	NMPA
	肺炎支原体核酸检测试剂盒（PCR-荧光探针法）	NMPA
	甲型流感病毒通用型核酸检测试剂盒（PCR-荧光探针法）	NMPA
血液筛查系列	乙型肝炎病毒、丙型肝炎病毒、人类免疫缺陷病毒（1＋2 型）核酸检测试剂盒（PCR-荧光法）	NMPA
其他可拓展项目	传染病检测：HEV（戊型肝炎病毒）、H7N9 型禽流感、H1N1（甲型流感病毒）、HIV、RSV、流感病毒、CP 病、登革热病毒、幽门螺旋杆菌、JC 病毒、新布尼亚病毒	
	B 族链球菌、白色念珠菌等	
	人源基因检测：K-ras、EGFR、B-raf、HER-2、PI3K、CYP2C19、ALK、ROS1、NRAS、Y 染色体缺失	
	地中海贫血基因、耳聋基因、产前筛查等	
可拓展领域	PCR 检测、基因芯片、测序服务、科研检测、基础研究	

（二）操作规程

1. 操作流程

操作流程包括开机前检查→开机→试验准备→试验方案设计→试验试剂和耗材准备→待测样本准备→标准试验流程操作→试验结束→关机。

2. 标准试验操作流程

（1）提交试验任务

1）在试验项目下拉列表中选择当次所需试验项目。

2）输入当次试验样本数量。

3）输入质控数量。

4）选择执行起始程序段，默认从第 1 列开始执行。

5）输入样本起始编号，单击"自动编号"。

6）装载样本并录入样本信息（统一提取项目需按照样本选择试验项目类型）。

7）单击"提交任务"。

（2）执行试验运行

1）单击"运行试验"进入试验运行显示主界面。

2）系统自动运行试验，试验过程中有任何报警应及时处理，如：提示放置反应液、提示样本/核酸留样。

（3）完成试验任务

单击试验任务完成对话框中的"确认"按钮，本次试验项目运行完成。

（4）提取产物上机

1）打开安全门。

2）取出装有八连管的八连管载架。

3）关闭安全门。

4）逐列盖好 PCR 管管盖。

5）在指定的 PCR 仪上进行扩增检测。

（5）关机操作

1）退出软件系统，根据需要设置仪器紫外线灯照射时间，开启紫外线灯进行消毒处理，关闭计算机。

2）按下触摸屏下方照明开关关闭仪器内照明灯。

3）按下触摸屏下方电源开关，关闭电源。

4）如长时间不使用仪器，按下仪器后方主电源开关，关闭主电源。

3. 试验前准备

1）人员要求：穿戴防护服、头套、脚套、塑胶手套等确保操作安全。

2）仪器要求：该仪器必须由专业的技术员进行安装。用户接到该仪器时，必须进行检查以确定包装内包括所附清单中指明型号的所有部件。

3）试剂要求：确保试剂在有效期范围内，二次使用的试剂小冰箱拿出须室温平衡 30min。

4）环境要求：运行支撑台面稳定，电压正常，温度和湿度在要求范围。

5）样本要求：确保操作中生物安全，传染性样本须外部灭活处理，低温−80℃长期保存。

4. 试验运行注意事项

试验运行中应无人工干预，防止突然断电等意外导致提取中断。

5. 试验完成注意事项

试验完成后，按如下所示操作：

1）按照实验室要求妥善收集试验样本、试验试剂等。

2）打开仪器柜体对开门，将抽屉中废枪头袋取出。

3）将试验完后的深孔板、试剂槽、废液槽、试剂瓶、枪头板架装入袋内。

4）按照实验室生物安全制度对医疗废弃物妥善处理。

5）对仪器台面进行清洁处理以及必要的检查维护，如：喷洒乙醇、无尘纸擦拭等。

6）关闭 Natch CS2-S-S13A 安全门。

（三）维护保养

定期维护保养，仪器内置自动运行日保养，可联系售后指导操作。

第八节　上海伯杰核酸提取仪

一、仪器的性能

（一）仪器简介

BG-Abot-96 型全自动核酸提取仪采用一体式大屏操作，可预装多个试验程序，根据需要自行设定所需提取程序；96 个样本的最快自动处理速度为 11min，提取效率可达 98%；通过紫外线灯、防滴漏设备及外排独立风路三重保障避免交叉污染；适用于血液、血清、血浆、尿液、咽拭子、细胞培养物等液态样本，粪便、组织标本、菌种、昆虫等固态样本经前处理后，离心后的悬液上清液也可适用。

（二）性能评价

1. 精密度

选用 ORF 1ab 基因 $C_t = 26$，N 基因 $C_t = 28$，IC 基因 $C_t = 27$ 的企业参考品 4 倍梯度稀释 2 个梯度，批量提取样本，经分析后，$CV < 1\%$，批量提取精密度如图 3-48 所示。

2. 灵敏度

N 基因浓度为 250 拷贝/mL 的新冠 RNA 基因组标准物质稀释样本，重复提取 20 个样本，经分析后，检出率为 20/20，N 基因核酸提取灵敏度如图 3-49 所示。

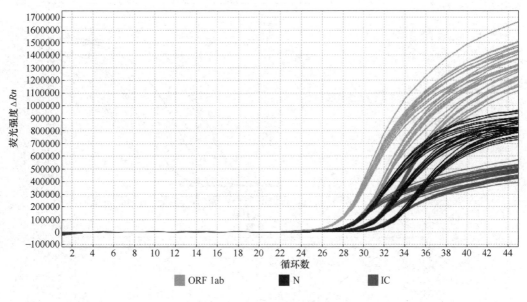

图 3-48　批量提取精密度

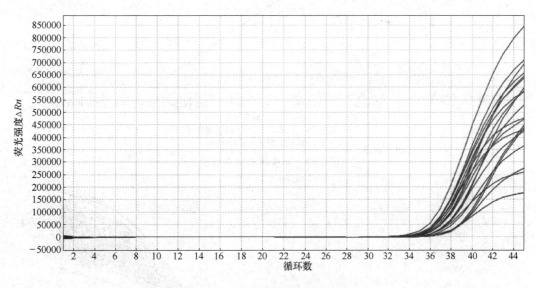

图 3-49　N 基因核酸提取灵敏度

3. 线性

提取稀释浓度为 $5.54×10^5$ 拷贝/mL~$5.54×10^8$ 拷贝/mL 的上海市计量测试技术研究院标准品样本，得到 $R^2>0.999$，稀释样本提取线性如图 3-50 所示。

4. 交叉污染

$C_t=26$ 的企业强阳性参考品、$C_t=34$ 的企业弱阳性参考品和阴性对照交叉分布提取，核酸提取交叉污染结果如图 3-51 所示。

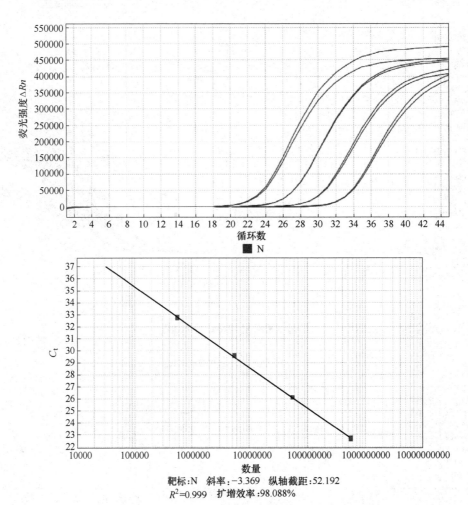

靶标:N　斜率:−3.369　纵轴截距:52.192
R^2=0.999　扩增效率:98.088%

图 3-50　稀释样本提取线性

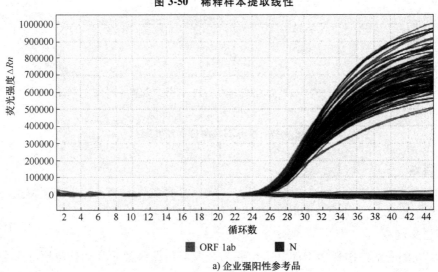

■ ORF 1ab　　■ N

a) 企业强阳性参考品

图 3-51　核酸提取交叉污染结果

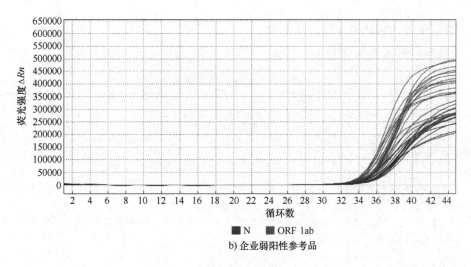

b) 企业弱阳性参考品

图 3-51 核酸提取交叉污染结果 (续)

（三）核酸提取原理

磁棒法核酸提取仪即通过磁珠的转移来实现核酸的分离纯化，一般通过仪器里磁棒的运动，来实现磁珠从样本裂解液/结合液到洗涤液，再到洗脱液的转移，从而自动完成核酸分离与纯化的全过程。其过程与原理包括以下几个步骤：

1）裂解吸附：在含磁珠的裂解液中加入待处理样品，充分混合，裂解细胞（适当加热有助于细胞的裂解），释放的核酸在高盐低 pH 下特异性地吸附到磁珠上，而蛋白质等分子则不被吸附而留在溶液中。

2）洗涤：在磁棒的磁场作用下，磁珠与溶液分离，磁棒将磁珠转移至洗涤缓冲液中，经过反复洗涤，去除蛋白质、无机盐等杂质。

3）洗脱：洗涤结束后，磁棒又将磁珠转移至洗脱缓冲液中，在低盐高 pH 下核酸从磁珠上被洗脱下来，最后磁棒又将磁珠移出，即完成核酸的全部提取（见图 3-52）。

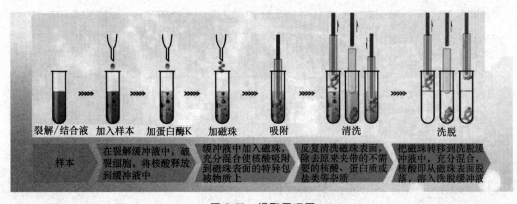

图 3-52 提取原理图

（四）仪器的技术要求与安装要求

1. 仪器的技术要求（见表 3-39）

表 3-39　仪器的技术要求

要求		内容
功能		实现样本的核酸提取功能
每次通量/每小时通量		96×6
板位		1~96
使用耗材		96 孔深孔板
使用试剂		TQ-BG-001-96D/TQ-BG-003-96D/TQ-BG-008-96D 及市面常见厂家匹配试剂
处理体积		20μL~1000μL
混匀模式		振荡混匀,多模式可调
屏幕尺寸		9.7in
声音提示		有
照明		LED
接口		以太网接口,RJ45(可扩展 RS232、USB 接口)
通信方式		无
防污染		试验仓内置紫外线灯,紫外线辐照强度≥95μW/cm²
电源		220V,50Hz
产品外形	整机质量	45kg
	整机尺寸	567mm×610mm×625mm
使用环境	环境温度	10℃~30℃
	相对湿度	温度低于 31℃时最大相对湿度为 80%;温度为 40℃时相对湿度线性降低 50%
	海拔	2000m 以下
运输环境	环境温度	<40℃
	相对湿度	≤80℃
温控范围		裂解加热温度:室温~99℃ 洗脱加热温度:室温~99℃
温控精度		±2℃
提取孔间差		CV<5
磁珠回收率		≥98%
运行噪声		<60dB
使用寿命		6 年
产品认证		ISO 9001 和 ISO 13485 双认证

2. 安装要求

（1）仪器安装环境

1）仪器必须严格立式放置在稳固的工作台面上。

2）确保仪器放置的位置远离会产生振动的其他仪器（比如离心分离机等）。

3）电源设备：一个提供给仪器的安全插座。

4）电源电压大小必须与仪器标识牌上的数据相符。

5）仪器必须带有接地线。

6）仪器和供电电源的放置必须保证可以快速地切断电源。

7）包装仪器的木箱应妥善保存以备日后仪器维修时的安全运输。

（2）放置位置　安装时要确保通风槽的拆卸空间，确保入口与出口的通风顺畅。为保证通风顺畅，禁止在仪器下放置纸张或者其他物品。为保证仪器前、后通风槽的通畅，以及仪器下端和空气的接触，放置时要留有足够大的空间。仪器的后通风槽与墙壁之间的距离应大于15cm。

（3）其他要求　妥善保存使用手册，以便遇到问题时快速查询。任何后续的针对本手册的文件升级应由专人在培训后附加装订在本用户手册中。

二、仪器的操作

（一）仪器开展的检测项目

用于临床样本中核酸的提取、纯化。

（二）操作规程

1. 操作流程

组成部分、试验前准备、仪器开机、试剂耗材摆放、试验运行、仪器清场并消毒、仪器的维护。

2. 试验前准备

人员要求：开启空调控制系统、新风控制系统、压力控制系统，使室温保持在10℃～30℃，相对湿度≤80%。进入实验室时必须在缓冲间内更换专用工作服，穿鞋套或专用工作鞋，戴工作帽、口罩、无粉手套。用纯水对试验台面和仪器表面进行简单清洁擦拭。

试剂及样本要求：打开仪器侧面的耗材取放窗口，根据提取试剂说明书要求将加了样本及试剂的提取板放进转盘对应的板位。板位的旋转选择可就近按门下面的转盘正转、反转按钮也可在屏幕上的"板位选择"里面选择对应的板位。仪器对应8个放板的标记位选择对应编号的标记位，该标记位将旋转到放板的窗口位置。

仪器要求：确保仪器的电源线与合规格的电源插座连接好后，打开仪器背面右下的主电源开关。仪器开机后进行自检，待完成自检后系统进入主菜单操作界面。

耗材准备：根据要检测的样本数及试剂说明取适量的96孔深孔板、磁力套放置在相应的位置备用。

环境要求：清理仪器上的试剂、耗材、试验产生的废物等；紫外线灯消毒。

3. 试验运行注意事项

1）96 孔深孔板是否正确放置。

2）磁棒套是否摆放到位。

3）取放窗口门是否关好。

确认无误后，单击"运行"即可开始试验。

4. 试验完成注意事项

试验运行开始后，仪器会对每个板位进行检测，确定是否已经放好深孔板，若存在漏放，仪器会结束试验，并在屏幕右上角的备注框里面有错误代码提示。

常见的错误代码提示有：3 表示复位失败；5 表示磁套异常；6 表示加热异常；8 表示板位错误；12 表示检测不到深孔板。

（三）维护保养

每次试验后，将仪器断电，用 75% 乙醇喷雾打湿无纺布后，擦拭仪器转盘表面，若仪器加热模块上有异物，应及时清理干净，否则导热不良会影响试验效果。

仪器外壳用纯水打湿的无纺布擦拭即可。

第九节　杭州博日核酸提取仪

一、仪器的性能

（一）仪器简介

NPA-96 型全自动核酸提取仪使用自主设计的用户操作界面，搭配专属预封装试剂，采用自主研发的高频振荡技术提高了裂解、洗脱效果；96 个样本的最快自动处理速度为 11min；样本类型涵盖全血、血浆、血清、拭子、羊水、粪便、组织灌洗液、组织、石蜡切片、细菌、真菌、干血斑等；通过紫外线灭菌灯和高频振荡加热技术实现防污染功能。纯化对象包含基因组 DNA、总 RNA、cfDNA、ctDNA、miRNA（微小核糖核酸）等，也可用于病原体核酸的纯化。

（二）性能评价

1. 精密度

浓度为 10^4 拷贝/mL 的新冠核糖基因组标准物质，批量提取样本，采用 FQD-96C 实时荧光定量 PCR 分析，$CV<1\%$，批量提取精密度如图 3-53 所示及见表 3-40。

2. 灵敏度

浓度为 10^4 拷贝/mL 的新冠核糖基因组标准物质稀释成 500 拷贝/mL 的样本，重复提取 16 个样本，采用实时荧光定量 PCR 仪分析，检出率 100%，核酸提取灵敏度如图 3-54 所示及见表 3-41。

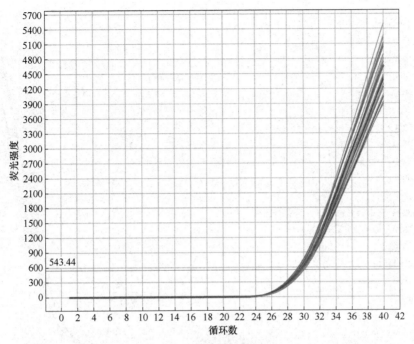

图 3-53　批量提取精密度

表 3-40　批量提取精密度

项目	N 基因			
C_t	29.87	29.79	29.93	29.8
	29.99	29.94	29.92	29.93
	29.95	30.00	29.9	29.44
	29.83	30.08	29.64	29.68
	29.71	29.93	29.67	29.91
	29.29	29.84	29.4	29.95
	29.67	29.92	29.28	29.15
	29.8	29.57	29.37	29.16
$CV(\%)$	0.88%			

表 3-41　核酸提取灵敏度

C_t	38.02	34.7	35.76	35.58	34.61	35.77	34.45	34.87
	34.76	35.54	35.63	35.43	35.65	34.71	35.41	34.79
检出率	100%							

3. 线性

提取稀释浓度为 2×10^6 拷贝/mL、2×10^5 拷贝/mL、2×10^4 拷贝/mL、2×10^3 拷贝/mL、2×10^2 拷贝/mL 的 HBV DNA 血清标准品参考品样本，得到 $R^2 > 0.99$，核酸提取线性图如图 3-55 及见表 3-42。

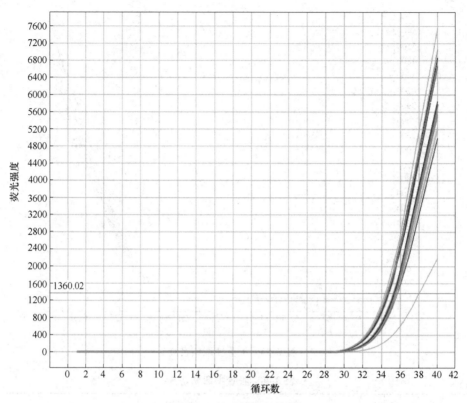

图 3-54　核酸提取灵敏度

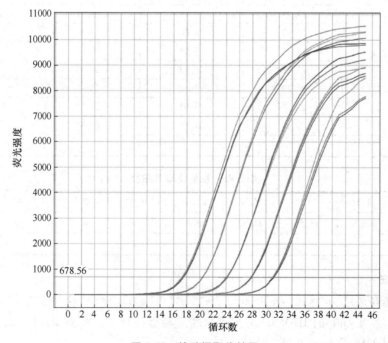

图 3-55　核酸提取线性图

表 3-42 核酸提取线性图

浓度/(拷贝/mL)	2×10^6	2×10^5	2×10^4	2×10^3	2×10^2
1	17.48	20.46	24.18	27.86	31.28
2	17.54	20.47	24.08	27.8	31.14
3	17.29	20.41	24.14	27.73	31.06
线性	$y = 3.486000x + 13.668000$ $R^2 = 0.999285$				

4. 交叉污染

浓度为 2×10^4 拷贝/mL 的 HBV 强阳性参考品和阴性对照交叉分布提取，核酸提取交叉污染结果如图 3-56 所示。

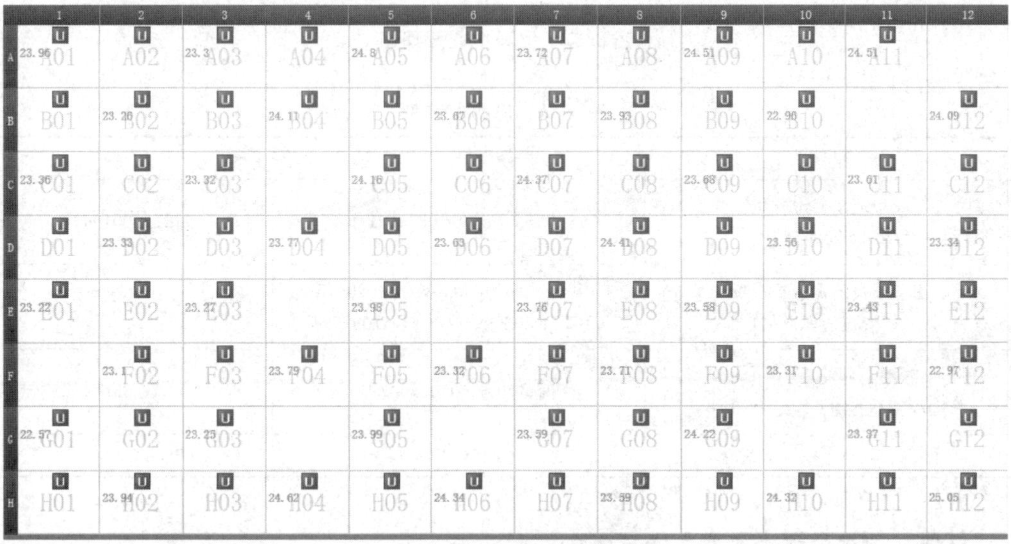

图 3-56 核酸提取交叉污染结果

5. 移液性能（带移液器型号）

移液范围为 $20\mu L \sim 100\mu L$ 时，准确性为 0.92%，重复性 $\leqslant 0.93\%$；移液范围 $\geqslant 100\mu L$ 时，准确性为 -0.12%，重复性 $\leqslant 0.7\%$。

（三）核酸提取原理

仪器采用磁棒法原理，即通过固定液体、转移磁珠来实现核酸的分离，是通过磁棒对磁珠的吸附将磁珠从废液中分离开，放入下一步的液体中，实现核酸的提取，核酸提取原理图如图 3-57 所示。检测用试剂见表 3-43。提取过程如下：

（1）裂解 在样品中加入裂解液，通过机械运动及加热实现反应液的混匀及充分反应，细胞裂解、释放核酸。

（2）吸附 在样品裂解液中加入磁珠，充分混匀，利用磁珠在高盐低 pH 下对核酸具有很强亲和力的特点，吸附核酸，在外加磁场作用下，磁珠与溶液分离，利用吸头将液体移出弃至废液槽，吸头弃掉。

（3）洗涤 撤去外加磁场，换用新吸头加入洗涤缓冲液，充分混匀，去除杂质，在外加磁场作用下，将液体移出。

（4）洗脱 撤去外加磁场，换用新吸头加入洗脱缓冲液，充分混匀，结合的核酸即与磁珠分离，从而得到纯化的核酸。

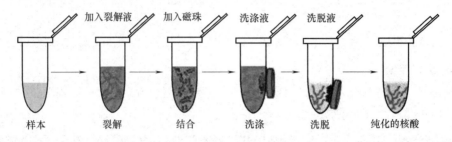

图 3-57 核酸提取原理图

表 3-43 检测用试剂

项目	注册号/货号	批号
新型冠状病毒核糖基因组标准物质	GBW（E）0910892101	212775001940
乙型肝炎病毒脱氧核糖核酸血清标准品	GBW（E）090991\GBW（E）090992\GBW（E）090993\GBW（E）090994	2021021
达安新型冠状病毒 2019-nCoV 核酸检测试剂盒（荧光 PCR 法）	国械注准 20203400749	2022007
博日乙肝病毒检测试剂盒	BSB01MIA	BO12201002

（四）仪器的技术要求与安装要求

1. 仪器的技术要求（见表 3-44）

表 3-44 仪器的技术要求

要求	内容
功能	实现样本的核酸提取功能
每次通量/每小时通量	96
板位	6
使用耗材	96 孔深孔板+96 联护套
使用试剂	通用试剂
处理体积	10μL～1000μL
混匀模式	护套振荡 HFS 模块
屏幕尺寸	10.1in

（续）

要求		内容
声音提示		有
照明		无
接口		USB
通信方式		局域网
防污染		低落防护,紫外线消毒,HEPA
电源		AC 100V~240V,50Hz~60Hz
产品外形	整机质量	63/80kg
	整机尺寸（长×宽×高）	430mm×395mm×435mm
使用环境	环境温度	10℃~30℃
	相对湿度	≤80%,无凝露现象
	海拔	≤2000m
运输环境	环境温度	−20℃~55℃
	相对湿度	≤80%
温控范围		裂解:5℃~125℃,洗脱:4℃~120℃
温控精度		≤±3℃
提取孔间差		$CV≤3\%$
磁珠回收率		≥98%
运行噪声		≤68dB
使用寿命		5 年
产品认证		NMPA、CE 等

2. 安装要求

（1）仪器安装环境　环境温度：10℃~30℃；相对湿度≤80%，无凝露现象；使用电源：AC 100V~240V，50Hz~60Hz。仪器使用之前，确认工作条件是否满足上述要求。特别注意电源线接地是否可靠。

（2）放置位置　仪器应安放于室内，应通风良好，无腐蚀性气体或强磁场干扰。不要将仪器安放在潮湿的或灰尘较多的地方。

仪器上的开口都是为了通风而设，为了避免温度过高，一定不要阻塞或覆盖这些通风孔。多台仪器同时使用时，两台仪器之间的距离应不小于70mm。温度过高会影响仪器的性能或引起故障。不要在阳光直射的地方使用本仪器，并要远离暖气、炉子及其他一切热源。长时间不使用本仪器时，应拔下电源插头，并用软布或塑料纸覆盖仪器以防止灰尘进入。

（3）其他要求　全系列仪器可以使用 U 盘进行程序导入、导出，升级，参数导入、导出功能。96孔全自动核酸提取仪可以连接实验室的网络。

二、仪器的操作

（一）仪器开展的检测项目

提取试剂盒需要能够匹配仪器的耗材孔位设计或者加热孔位设计。试验程序需要参考试剂说明书设置。

（二）操作规程

1. 操作流程

经过仪器和对应试剂操作培训，准备要使用的试剂盒和耗材，按照试剂说明书准备好试验的样本和编辑好试验程序，放置配套的耗材并确认放置到位，然后运行试验程序，直至试验运行结束。将提取好的试剂盒标识取出，并对仪器进行消毒。

2. 试验前准备

（1）人员要求　试验人员必须佩戴生物防护装备，经过仪器和对应试剂操作培训。

（2）仪器要求　仪器自检正常，对照试剂说明书编写试验程序。

（3）试剂要求　使用配套试剂。

（4）环境要求　实验室满足二级及以上生物试验要求。

（5）样本要求　正确按照试剂说明书的要求，将样本添加到试剂盒中，使用配套的耗材，并确保试剂盒和耗材正确安装到位。

（6）样本处理参考配套的提取试剂盒操作说明书。

3. 试验运行注意事项

试验运行过程中无须人员干预，注意不要打开门，开门试验会停止。

4. 试验完成注意事项

及时取出试剂盒和护套并进行妥善处理。根据需求进行紫外线消毒，紫外线消毒满足设定好的时间后会自动关闭。

（三）维护保养

1）仪器清洁使用75%的医用乙醇润湿（无滴液）清洁布进行擦拭，勿大量喷洒乙醇和其他消毒用品，仪器有运动部件，不能完全密封。喷洒或者液体流入仪器中可能造成运动部件和电气部件损坏。

2）仪器建议定期进行确认加热功能，耗材安装位置是否有堵塞、变形等影响定位的问题。电源线是否接插牢固，实验室插座是否接地良好。

第十节　山东博弘核酸提取仪

一、仪器的性能

（一）仪器简介

BNP96型核酸提取仪由独立的磁棒架、磁套架、加热模块、传动模块、控制模块等部分组成。利用磁珠法原理以及多级振动提取方式，快速实现样本核酸的纯化。

　　仪器自带可存储触摸式液晶屏，可实现多种试验模板保存和快捷操作；每批次可完成 1 份~96 份样本提取，最快提取时间为 10min；直排式 6 个提取板位中有两个加热板位，采用双钩抱紧及球头柱塞的紧固方式，确保反应板在正确位置；独立式磁棒模块、磁套模块、加热模块设计，便于拆卸与更换；通过紫外线灯、气溶胶过滤、防滴液保护实现防污染功能；适用样本类型包括：全血，血清血浆，鼻/咽拭子，分泌物，脱落细胞，尿液，痰液，粪便，动、植物组织，干血斑，唾液等。

（二）性能评价

1. 精密度

　　取咽拭子+假病毒（终浓度为 10^5 拷贝/mL），按照临床样本同样的操作方法进行提取，每个样本重复 10 次，在乐普荧光定量 PCR 仪进行扩增，记 10 次测量结果 C_t 值的平均值 M 和标准差 SD，计算得出变异系数（CV），其测得的 $CV<1\%$，精密度扩增曲线如图 3-58 所示。

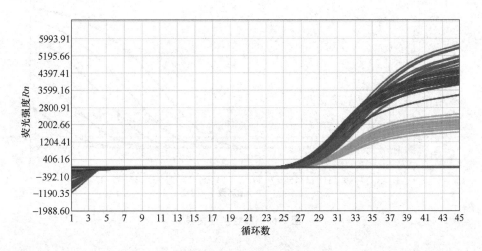

图 3-58　精密度扩增曲线

2. 灵敏度

　　取 1200 拷贝/mL 标源新冠质控品，按照临床样本同样的操作方法进行提取，每个样本重复 4 次，在乐普荧光定量 PCR 仪进行扩增，记 4 次测量结果 C_t 值，阳性检出率为 100%，灵敏度扩增曲线如图 3-59 所示。

3. 线性

　　将浓度为 10^8 拷贝/mL 的新冠假病毒稀释成 10^6 拷贝/mL、10^5 拷贝/mL、10^4 拷贝/mL、10^3 拷贝/mL、10^2 拷贝/mL 6 个浓度梯度，按照临床样本同样的操作方法进行提取，在乐普荧光定量 PCR 仪上进行检测，得到 $R^2>0.999$，线性扩增曲线如图 3-60 所示，标准曲线如图 3-61 所示。

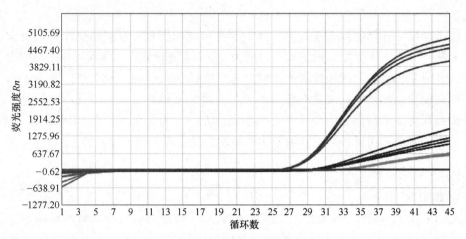

图 3-59　灵敏度扩增曲线

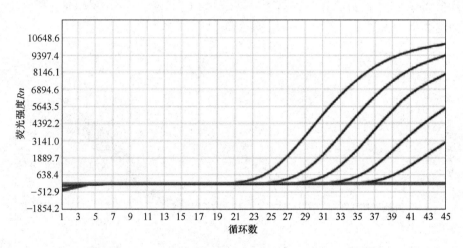

图 3-60　线性扩增曲线

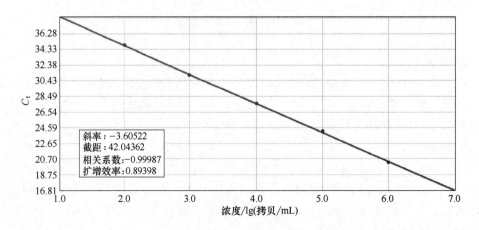

斜率：−3.60522
截距：42.04362
相关系数：−0.99987
扩增效率：0.89398

图 3-61　标准曲线

4. 交叉污染

浓度为 10^5 拷贝/mL 的新冠假病毒强阳性参考品、浓度为 10^2 拷贝/mL 的新冠假病毒弱阳性参考品和阴性对照交叉分布提取，按照临床样本同样的操作方法进行提取，在博日荧光定量 PCR 仪上进行检测，检出率为 100%，无交叉污染，交叉污染测试样本位置图如图 3-62 所示，交叉污染测试扩增曲线如图 3-63 所示。

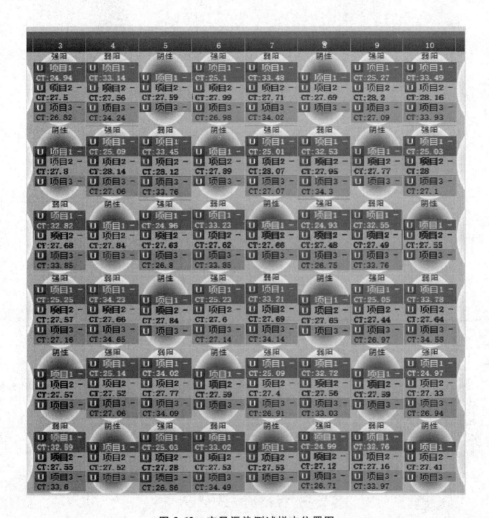

图 3-62　交叉污染测试样本位置图

（三）核酸提取原理

采用磁珠法提取。利用试验仓磁棒架上的磁棒，将吸附有核酸的磁珠转移至不同的试剂孔内，再利用套在磁棒外层的搅拌套，反复地快速搅拌液体，使液体与磁珠均匀地混合，经过细胞裂解、核酸吸附、清洗与洗脱，最终得到高纯度核酸，磁珠法提取原理如图 3-64 所示。

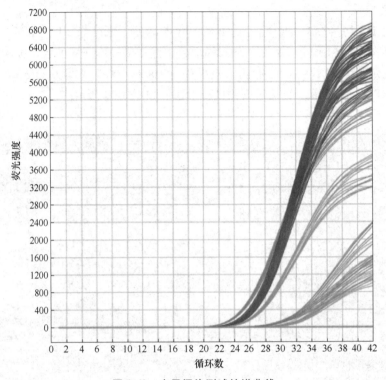

图 3-63　交叉污染测试扩增曲线

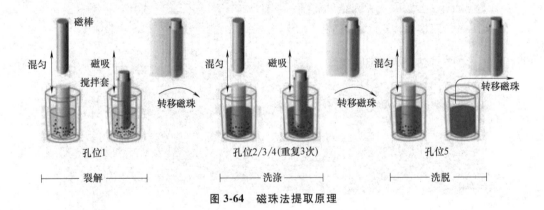

图 3-64　磁珠法提取原理

（四）仪器的技术要求和安装要求

1. 仪器的技术要求 （见表 3-45）

表 3-45　仪器的技术要求

要求	内容
功能	实现样本的核酸提取功能
每次通量/每小时通量	96/384
板位	6

（续）

要求		内容
使用耗材		96 孔深孔板、96 孔搅拌套
使用试剂		核酸提取试剂盒
处理体积		60μL~1000μL
混匀模式		振荡混合
屏幕尺寸		10.1in
声音提示		有
照明		有
接口		无
通信方式		无
防污染		有
电源		AC 110V~220V,50Hz~60Hz
产品外形	整机质量	70kg
	整机尺寸	770mm×530mm×540mm
使用环境	环境温度	10℃~30℃
	相对湿度	≤70%
	海拔	4000m 以下
运输环境	环境温度	10℃~30℃
	相对湿度	≤70%
温控范围		室温~120℃
温控精度		±1℃
提取孔间差		≤3%
磁珠回收率		≥98%
运行噪声		84dB
使用寿命		5 年
产品认证		CE

2. 安装要求

（1）仪器安装环境

1）环境温度为 10℃~30℃。

2）相对湿度≤70%。

3）大气压力为 56kPa~106kPa。

4）周围无强烈振动及腐蚀性气体存在。

5）应避免阳光直接照射或其他冷、热源的影响。

6）远离强电磁场干扰。

7）电源电压：AC 110V~220V，50Hz~60Hz。

（2）放置位置　该仪器仅适应于室内安放，且室内通风良好、无腐蚀性气体、无强磁场干扰。不要将仪器安放在潮湿的或灰尘多的地方；不要将仪器安放于软垫上，以免底座陷入软垫而堵塞下方通风口；本仪器上的开口都是为了通风散热而设，不要将仪器后方紧靠墙壁或堆放其他物品，一定不要阻塞或覆盖这些通风散热孔；仪器运行时，仪器的通风散热孔与最近物体的距离应不小于 25cm，以免影响散热；不要在阳光直射的地方使用本仪器，并要远离暖气、炉子及其他一切热源。

二、仪器的操作

（一）仪器开展的检测项目

核酸提取纯化。

（二）操作规程

1. 操作流程

打开仪器的电源开关，仪器开始初始化，初始化完毕说明仪器可正常使用。

从试剂盒中取出 3 块试剂板，颠倒数次使磁珠重悬均匀。使用前应轻甩或快速离心以避免试剂沾膜。小心撕去铝箔封口膜，防止液体溅出。按以下操作加入样品。

1）取待测样本 200μL 加入到试剂板 1 中，吸打混匀 1 次（注：待测样本加入试剂板 1 前应充分混匀）。

2）将 3 块试剂板放入 BNP96 型核酸提取仪，确保 3 块试剂板放置的方向一致（注：试剂板 1 放入板位 1，试剂板 2 放入板位 2，试剂板 3 放入板位 5。）

3）将搅拌套插入搅拌套架。

4）将 BNP96 型核酸提取仪的试验仓门关上。

在主界面点击"程序运行"，进入程序运行界面。选择所要运行的程序后，单击"运行"，系统提示是否插入磁套，确认插入磁套后，单击"是"，仪器将按设定好的程序自动运行，在一个程序文件正常运行完后，机器显示屏显示"程序运行结束"。

取下试剂板，开启紫外线灯，设置紫外线灯运行时间，单击"确定"，开始紫外线消毒。

试剂板 3 中便是提取纯化的核酸，按顺序吸出已经提纯好的核酸，可用于下游的试验。

2. 试验前准备

所有检测所需资质均需参照标准进行。

仪器在初次使用时，务必先打开仓门，把试验仓内部的珍珠棉拿掉，再通电进行试验。

检查仪器和电源是否完好，确认完好后再通电开机。

将试剂板放入试验仓中，将搅拌套推入到位，并认真检查是否到位，若未检查，将有可能引起仪器异常，影响试验结果。

样本要求：

（1）血清　采集 2mL 静脉血，注入无菌的干燥采血管，禁止使用含有肝素钠或其他抗凝剂的采血管，室温（20℃～25℃）放置 30min～60min，血液样本可自发凝集析出血清，或使用水平离心机，3000r/min 离心 5min；吸取上层血清，转移至无菌无 RNase 离心管内保存。

（2）血浆　采集 2mL 静脉血，注入含 EDTA 或柠檬酸钠抗凝剂的采血管，立即轻摇采血管混合 5 次～10 次，使抗凝剂与静脉血充分混匀，5min～10min 后即可分离出血浆，转移至无菌无 RNase 离心管内保存。

淋巴液、尿囊液、精液、唾液、口腔拭子、无细胞体液、细胞培养上清液等样本的采集参考常见医疗样本采集方式，保存于无菌无 RNase 离心管内待提取。

非液体状态含病毒标本可液化后以液体标本形式使用本试剂盒进行提取。

样本保存和运送：经上述处理后的待测样本可立即用于检测，或 -20±5℃ 保存（最长 3 个月），长期保存应置于 -70℃ 以下。应避免反复冻融。标本运送采用冰壶加冰或泡沫箱加冰密封进行运输。

3. 试验运行注意事项

在程序运行过程中，若无异常或试验需要，试验人员不要打开试验仓安全门，若需要打开，应先暂停运行程序。

4. 试验完成注意事项

试验完成后要及时取出提取产物，用于下游试验，避免长时间放置在仪器中导致产品挥发、失效。取出产物后，将耗材深孔板和搅拌套扔到专用的废品处理袋中，仪器开启紫外线灯进行消毒，每次试验后最少消毒 15min。

（三）维护保养

为使核酸提取仪能长期、安全、有效地工作，延长其无故障工作时间，应对机器进行定期的保养、检查。如有疑问或问题，应立即通知管理人员和维修部门。

1）使用仪器前认真查看说明书。

2）试验结束后，关闭仪器供电电源，可以使用 75% 乙醇对试验仓进行清洁，使用时，勿将乙醇倒入试验仓内，使用脱脂棉进行擦拭，待乙醇晾干后，开启紫外线灯照射 30min 以上进行消毒。

3）定期对仪器表面及试验仓进行清洁，避免使用强碱、浓乙醇和有机溶剂溶液。

4）保持试验仓内环境较为干燥，无水渍等物。

5）仪器不要放置在多灰尘的环境中使用。

6）仪器使用时保证仪器四周通风。

7）不要在电压不稳、过高、过低时使用仪器。

8）仪器长期不使用时，应拔掉插头，并用软布或塑料袋覆盖仪器，防止灰尘进入。

9）仪器停止使用时，为确保仪器性能稳定，建议每隔 30 天开启仪器空运行一次。

禁止：仪器正工作中禁止对试验仓或仪器表面进行清洁。

第十一节　华大智造核酸提取仪

一、仪器的性能

（一）仪器简介

MGISP-NE384 型全自动核酸提取仪配备彩色触控一体化操作界面，可自由编辑提取程序；采用磁棒转移磁珠提取技术，24 位矩阵式深孔板位排布和 4 组 Z 轴独立控制混合磁吸模块设计；搭配快速病毒核酸提取试剂，可在 15min 内完成一轮样本核酸提取纯化，日提取通量可达 15000 份；通过负压过滤系统和紫外线消毒系统实现防污染功能；适用样本类型：血液、血浆、组织、细胞、微生物、粪便、土壤、FFPE 等。

（二）性能评价

MGISP-NE384 型全自动核酸提取仪搭配 MGI Easy 核酸提取试剂（VDR03P-96）和第三方品牌的新型冠状病毒 2019 检测试剂盒进行性能测试评价。

1. 检测条件

（1）样本　阳性参考品：新冠病毒标准品使用无酶水分别稀释到不同浓度；阴性参考品：实验室自采阴性样本。

（2）提取　提取设备：MGISP-NE384 型全自动化核酸提取仪；提取试剂：核酸提取试剂（型号：VDR03P-96）

（3）RT-qPCR 检测试剂　新型冠状病毒 2019 检测试剂盒，其 FAM、HEX 通道均为阳性，扩增曲线呈指数增长且 C_t<38 判断为阳性。

2. 精密度

使用 MGISP-NE384 搭配 MGI 的快速核酸提取试剂（VDR03P-96）和两个批次的第三方品牌的新型冠状病毒 2019 检测试剂盒，对 1000 拷贝/mL 的新冠参考品进行批间精密度和批内精密度测试评估。

（1）评估方案

1）批间精密度：P1-1000×20 与 P2-1000×20，计算 40 次结果的 C_t 值的 CV。

2）批内精密度：P1-1000×20，计算 20 次结果的 C_t 值的 CV；P2-1000×20，计算 20 次结果的 C_t 值的 CV。

（2）结果　浓度为 1000 拷贝/mL 的新冠参考品，由 MGI 快速核酸提取试剂搭配 MGISP-NE384 进行批量提取，检测结果的批内和批间精密度的 CV<5%。

1）批内精密度 P1 的检测结果见表 3-46。

2）批内精密度 P2 的检测结果见表 3-47。

表 3-46　批内精密度 P1 的检测结果

试验样品	参考品（1000 拷贝/mL）		试剂批次号	P1	
样本名称	FAM（N 基因）	HEX（ORF1ab）	样本名称	FAM（N 基因）	HEX（ORF1ab）
P1-1000-1	34.39	34.9	P1-1000-11	34.18	35.36
P1-1000-2	34.3	35.31	P1-1000-12	34.53	35.63
P1-1000-3	34.53	35.56	P1-1000-13	34.79	35.16
P1-1000-4	34.16	34.88	P1-1000-14	34.21	34.87
P1-1000-5	34.08	34.67	P1-1000-15	34.22	34.72
P1-1000-6	34.49	35.06	P1-1000-16	34.31	35.53
P1-1000-7	34.24	35.25	P1-1000-17	34.39	35.46
P1-1000-8	34.63	35.78	P1-1000-18	34.17	34.84
P1-1000-9	34.65	35.44	P1-1000-19	34.18	35.45
P1-1000-10	34.52	35.52	P1-1000-20	34.11	34.91
均值	34.35	35.22	—	—	—
SD	0.2036	0.3351	—	—	—
CV	0.59%	0.95%	—	—	—
合格标准	$CV<5\%$	$CV<5\%$	—	—	—

表 3-47　批内精密度 P2 的检测结果

试验样品	参考品（1000 拷贝/mL）		试剂批次号	P2	
样本名称	FAM（N 基因）	HEX（ORF1ab）	样本名称	FAM（N 基因）	HEX（ORF1ab）
P2-1000-1	33.91	35.49	P2-1000-11	34	35.32
P2-1000-2	34.12	35.3	P2-1000-12	33.85	35.58
P2-1000-3	34.23	35.07	P2-1000-13	34.08	35.14
P2-1000-4	34.22	35.23	P2-1000-14	34.28	35.28
P2-1000-5	34.27	35.63	P2-1000-15	34.37	35.26
P2-1000-6	34.33	35.53	P2-1000-16	34	35.43
P2-1000-7	34.16	35.27	P2-1000-17	34.25	35.61
P2-1000-8	34.84	35.82	P2-1000-18	34.38	35.49
P2-1000-9	34.58	35.72	P2-1000-19	33.68	35.42
P2-1000-10	35.24	35.87	P2-1000-20	34.04	35.14
均值	34.24	35.43	—	—	—
SD	0.3479	0.2278	—	—	—
CV	1.02%	0.64%	—	—	—
判断标准	$CV<5\%$	$CV<5\%$	—	—	—

3）批间精密度的检测结果见表 3-48。

表 3-48　批间精密度的检测结果

试验样品	参考品（1000 拷贝/mL）		试剂批次号	P1/P2	
样本名称	FAM（N 基因）	HEX（ORF1ab）	样本名称	FAM（N 基因）	HEX（ORF1ab）
P1-1000-1	34.39	34.9	P2-1000-1	33.91	35.49
P1-1000-2	34.3	35.31	P2-1000-2	34.12	35.3
P1-1000-3	34.53	35.56	P2-1000-3	34.23	35.07
P1-1000-4	34.16	34.88	P2-1000-4	34.22	35.23
P1-1000-5	34.08	34.67	P2-1000-5	34.27	35.63
P1-1000-6	34.49	35.06	P2-1000-6	34.33	35.53
P1-1000-7	34.24	35.25	P2-1000-7	34.16	35.27
P1-1000-8	34.63	35.78	P2-1000-8	34.84	35.82
P1-1000-9	34.65	35.44	P2-1000-9	34.58	35.72
P1-1000-10	34.52	35.52	P2-1000-10	35.24	35.87
P1-1000-11	34.18	35.36	P2-1000-11	34	35.32
P1-1000-12	34.53	35.63	P2-1000-12	33.85	35.58
P1-1000-13	34.79	35.16	P2-1000-13	34.08	35.14
P1-1000-14	34.21	34.87	P2-1000-14	34.28	35.28
P1-1000-15	34.22	34.72	P2-1000-15	34.37	35.26
P1-1000-16	34.31	35.53	P2-1000-16	34	35.43
P1-1000-17	34.39	35.46	P2-1000-17	34.25	35.61
P1-1000-18	34.17	34.84	P2-1000-18	34.38	35.49
P1-1000-19	34.18	35.45	P2-1000-19	33.68	35.42
P1-1000-20	34.11	34.91	P2-1000-20	34.04	35.14
均值	34.3	35.32	—	—	—
SD	0.2871	0.303	—	—	—
CV	0.84%	0.86%	—	—	—
判断标准	CV<5%	CV<5%	—	—	—

3. 灵敏度

浓度为 500 拷贝/mL 的新冠参考品，重复提取 20 次，采用 RT-qPCR 分析，检出率为 100%。检出率结果见表 3-49。

表 3-49　检出率结果

试验样品	参考品（500 拷贝/mL）		试剂批次号	P1	
样本名称	FAM（N 基因）	HEX（ORF1ab）	样本名称	FAM（N 基因）	HEX（ORF1ab）
P1-500-1	34.85	36.22	P1-500-11	35.17	36.63
P1-500-2	35.21	36.23	P1-500-12	35.25	36.16
P1-500-3	35.29	36.23	P1-500-13	35.06	36.13

（续）

试验样品	参考品（500 拷贝/mL）		试剂批次号	P1	
样本名称	FAM（N 基因）	HEX（ORF1ab）	样本名称	FAM（N 基因）	HEX（ORF1ab）
P1-500-4	35.03	35.68	P1-500-14	35.24	35.85
P1-500-5	35.7	36.15	P1-500-15	34.7	36.12
P1-500-6	35.48	36.62	P1-500-16	34.96	36.56
P1-500-7	35.33	36.22	P1-500-17	34.9	35.42
P1-500-8	34.64	35.58	P1-500-18	35.49	36.31
P1-500-9	35.62	35.94	P1-500-19	34.44	35.83
P1-500-10	35.12	35.71	P1-500-20	34.92	36.76
检出率	100%				

4. 交叉污染

分别使用高浓度的企业参考品（非新冠参考品）和阴性参考品交叉分布并提取，进行交叉污染率的评估。结果：阳性检出率为 100%，阴性样本均未检出。交叉污染结果（基于 RT-qPCR 法）见表 3-50。

表 3-50　交叉污染结果（基于 RT-qPCR 法）

序号	1	2	3	4	5	6	7	8	9	10	11	12
A	—	26.33	—	26.76	—	26.29	—	27.72	—	26.37	—	25.98
B	26.72	—	26.17	—	26.83	—	25.36	—	26.50	—	25.7	—
C	—	26.43	—	26.43	—	26.82	—	26.39	—	26.18	—	25.98
D	27.28	—	25.99	—	26.37	—	24.89	—	26.63	—	25.57	—
E	—	27.17	—	25.91	—	26.77	—	24.76	—	26.03	—	26.55
F	27.44	—	26.14	—	26.84	—	25.57	—	26.50	—	28.59	—
G	—	27.00	—	26.04	—	26.10	—	25.58	—	26.17	—	25.38
H	26.65	—	27.06	—	26.24	—	25.37	—	26.35	—	26.1	—

（三）反应原理

通过磁棒吸附、转移和释放磁珠，实现磁珠、样本和核酸的转移。

（四）仪器的技术要求和安装要求

1. 仪器的技术要求（见表 3-51）

表 3-51　仪器的技术要求

要求	内容
功能	实现样本的核酸提取功能
每次通量/每小时通量	384

（续）

要求		内容
板位		24 块
使用耗材		深孔板和磁棒套
使用试剂		适配 MGI 的核酸提取试剂盒
处理体积		20μL~1000μL
混匀模式		上下振动混合
屏幕尺寸		23in
声音提示		含蜂鸣器
照明		LED 照明灯
接口		电源接口、温控模块通信接口、PCle（高速串行计算机扩展总线标准）接口（连接仪器与计算机的 CAN 卡、串口卡、网卡）、网络接口、USB 接口
通信方式		RS232、CAN
防污染		紫外线+HEPA
电源		200V~240V,50Hz~60Hz,2350W
产品外形	整机质量	268kg
	整机尺寸	1220mm×742mm×960mm
使用环境	环境温度	19℃~25℃
	相对湿度	20%~80%（无冷凝）
	海拔/压力	0m~1800m/80kPa~106kPa
运输环境	环境温度	-20℃~50℃
	相对湿度	15%~85%（无冷凝）
温控范围		室温 5℃~115℃
温控精度		≤±1℃
提取孔间差		<3%
磁珠回收率		≥98%
运行噪声		最大声压级 75dB
使用寿命		7 年
产品认证		CE/NMPA

2. 仪器的安装要求

（1）仪器的安装环境

1）实验室地面需平整，倾斜度小于 1/200；确保试验桌有足够强度，至少能承重 400kg。

2）实验室需无尘、无腐蚀性和可燃性气体、无热源及风源、无机械振动。

（2）仪器放置位置（见图 3-65）

1）实验室应避免阳光直射，须通风良好。建议参考二级生物实验室标准。

2）预留仪器四周的空间，以方便仪器散热、线缆连接以及打开/关闭电源开关。

（3）其他要求

1）网络条件：网络架构为对等网络，网络类型为局域网，网络带宽不低于 100Mbit/s。

2）计算机软件安全：如需安装杀毒软件，应提前与技术支持确认。

3）如果设备需升级，那么需联系技术支持对仪器软件进行维护或更新。

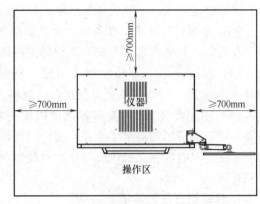

图 3-65　仪器放置位置

二、仪器的操作

（一）仪器开展的检测项目

MGISP-NE384 可用于不同类型样本的核酸提取，提取的核酸可以用于 PCR、测序等多种应用。

（二）操作规程

1. 操作流程

根据不同应用执行不同的工作流程，具体流程参考自动化操作说明书。

2. 试验前准备

（1）人员要求　本仪器需要经过培训的试验人员进行操作；试验前须仔细阅读相关仪器和试剂的使用说明书。

（2）仪器要求　本仪器初次开机时，推荐对设备运行清洁，保证设备的洁净度，具体操作步骤详见设备操作说明书。

检查本次试验所需的应用脚本是否导入设备中，试验参数是否正确。清洁及流程脚本如图 3-66 所示。

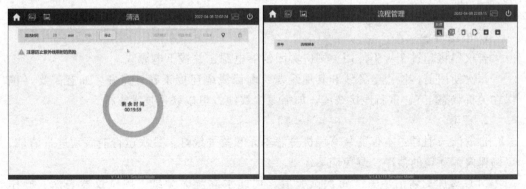

图 3-66　清洁及流程脚本

根据试验需求准备其他所需设备，如离心机、移液器等。

（3）试剂耗材要求　准备好本次试验所需的试剂和耗材，例如提取试剂盒、磁棒套、孔板等，具体需求参考提取试剂的使用说明书。

（4）环境要求　环境温度为室温；相对湿度为20%～80%（无冷凝）；气压为80kPa～106kPa；四周通风，方便运行时散热；保证电源持续供电。

（5）样本要求　参考提取试剂使用说明书中的要求对不同类型的样本进行处理；需要根据下游应用的需求，对样本进行规范性采集、运输和保存；需要考虑样本的生物安全性，对有潜在感染风险的样本及接触样本的物品，依据国家相关法规和标准操作和处理。

3. 试验运行注意事项

试验运行前，检查视窗是否关闭。如未关闭，应按照界面提示及时关闭。

试验运行过程中，禁止打开视窗，以免影响试验结果。视窗中装有联锁装置，如不慎将视窗打开，仪器将停止运行，同时将有弹窗提示。

试验运行过程中，禁止打开视窗，以免触碰到运动中的磁棒套，导致皮肤沾染试剂，造成生物污染或人身伤害。

试验运行过程中，禁止触摸温控模块，其温度可能升至较高水平，如果触摸会导致烫伤。

及时留意状态指示灯带或弹出的对话框。如发现异常，根据提示检查问题部件，并参考说明书中的"故障处理"相关内容排除故障。如果异常仍然存在，则应联系技术支持。

4. 试验完成注意事项

需进行后期清洁，操作步骤如下：

1）取出废弃的深孔板、磁套棒，丢入实验室指定的容器中。

2）确认操作台已清空，关闭视窗。

3）在主页单击"清洁"，进入清洁界面。

4）单击"开始"。清洁时间默认为20min，也可根据需要进行设置。系统将打开风机过滤单元和紫外线灯清洁仪器内部环境。

（三）维护保养

1. 电源维护

若仪器将超过7天不使用，则应关闭仪器电源，并拔下电源线。

每次使用前，检查电源线和其他线缆，确保线缆连接正确且完好。如有需要（确保在关机状态下），重新连接线缆。如需更换线缆，可以联系技术支持。

2. 保养

自清洁与消毒：本仪器装有风机过滤单元和紫外线灯。每次运行前后须进行清洁，以确保内部环境的洁净，避免交叉污染。

（1）试验后清洁步骤　每次试验后，用纯水润湿无尘纸，擦拭仪器表面、操作台、液体防滴落托盘。擦拭完成后，让其自然风干。

（2）试验后消毒步骤 每次试验后，用 75% 乙醇润湿无尘纸，擦拭仪器表面、操作台、液体防滴落托盘。在主页单击"清洁"，运行流程。

（3）周消毒操作步骤 用 75% 乙醇润湿无尘纸，将仪器表面、视窗把手及仪器内壁各擦拭 1 遍。

用超纯水润湿无尘纸，将上述部件再擦拭 1 遍。

用 75% 乙醇润湿无尘纸，擦拭触摸屏表面。

第十二节 中元汇吉核酸提取仪

一、仪器的性能

（一）仪器简介

EXM6000 型全自动核酸提取仪的机械部分由电动机运动组件、磁棒组件、抓取机构、挡板机构组成，可自动完成对搅拌套的装载和卸载。电气部分由显示屏组件、加热模块、紫外线杀菌模块、负压排气模块组成，提取完成后开启紫外线灯灭菌。

全自动核酸提取仪搭配不同的磁珠法核酸提取试剂，可快速提取全血，血清，血浆，鼻、咽拭子，分泌物，脱落细胞，尿液，痰液，粪便，FFPE 组织，动、植物组织，干血斑，唾液，以及肺灌洗液等样本的核酸。仪器内预存 6 组提取程序，96 个样本核酸提取时间为 12min~28min。仪器基本信息见表 3-52。

表 3-52 仪器基本信息

要求	内容
功能	实现样本的核酸提取功能
每次通量/每小时通量	96
板位	5 个
使用耗材	96 深孔板、96 搅拌套
使用试剂	病毒提取试剂盒；细菌提取试剂盒；全血基因组提取试剂盒；FFPE 组织核酸提取试剂盒；粪便提取试剂盒
处理体积	20μL~1000μL
混匀模式	振荡混合
屏幕尺寸	8.4in
声音提示	有
照明	有
接口	USB
通信方式	LAN 网口
防污染	紫外线消毒，HEPA 负压排气
电源	AC 110V~240V，50Hz~60Hz

（续）

要求	内容	
产品外形	整机质量	≤50kg
	整机尺寸 （长×宽×高）	696mm×450mm×460mm
使用环境	环境温度	5℃~40℃
	相对湿度	30%~80%（无冷凝）
	海拔	≤3000m
运输环境	环境温度	−20℃~55℃
	相对湿度	10%~90%
温控范围	裂解:室温~120℃,洗脱:室温~120℃	
温控精度	±1℃	
提取孔间差	≤3%	
磁珠回收率	≥98%	
使用寿命	6年	
产品认证	NMPA,CE 等	

（二）性能评价

1. 精密度

浓度为 200IU/mL 的 HBV WHO（世界卫生组织）参考品，重复提取 24 个复孔，采用乙型肝炎病毒核酸测定试剂盒（PCR-荧光探针法）测试，C_t 值的 $CV<1\%$。其精密度测试数据见表 3-53，其精密度测试 PCR 图谱如图 3-67 所示。

表 3-53 200IU/mL 的 HBV WHO 参考品精密度测试数据

复孔	FAM	VIC
1	31.6	30.7
2	31.45	30.62
3	31.54	30.88
4	31.59	30.82
5	31.37	30.37
6	31.41	30.6
7	31.59	30.81
8	31.42	30.58
9	31.43	30.46
10	31.61	30.82
11	31.42	30.86
12	31.35	30.77
13	31.58	30.57

（续）

复孔	FAM	VIC
14	31.93	30.91
15	31.24	30.97
16	31.43	30.7
17	31.43	30.66
18	31.61	30.23
19	31.57	30.72
20	31.68	30.73
21	31.27	30.6
22	32.12	30.68
23	31.18	30.58
24	31.31	30.67
平均值	31.51	30.68
SD	0.21	0.17
CV	0.66%	0.56%

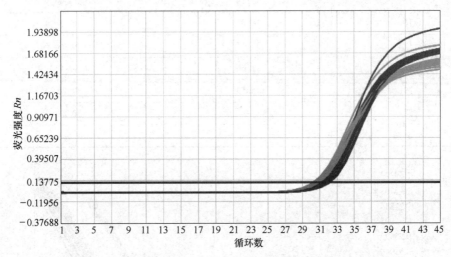

图 3-67　200IU/mL 的 HBV WHO 参考品精密度测试 PCR 图谱

2. 灵敏度

浓度为 10IU/mL 的 HBV WHO 参考品，采用乙型肝炎病毒核酸测定试剂盒（PCR-荧光探针法）测试，重复测试 20 个样本，靶标（FAM 通道）检出率应≥90%。其灵敏度测试数据见表 3-54，其灵敏度测试 PCR 图谱如图 3-68 所示。

表 3-54　10IU/mL 的 HBV WHO 参考品灵敏度测试数据

样本序号	FAM	VIC
1	36.12	30.78

（续）

样本序号	FAM	VIC
2	35. 36	31. 16
3	36. 61	30. 78
4	37. 02	30. 54
5	36. 61	30. 94
6	35. 43	30. 69
7	35. 9	30. 63
8	36. 14	30. 54
9	34. 84	30. 54
10	35. 33	30. 65
11	37. 54	30. 38
12	—	30. 48
13	35. 24	30. 18
14	36. 18	31. 04
15	35. 14	30. 88
16	36. 61	30. 2
17	35. 27	30. 68
18	35. 66	30. 4
19	36. 53	30. 26
20	—	30. 82
检出率	90%	—

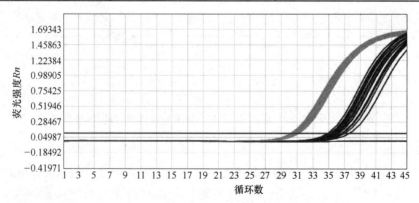

图 3-68　10IU/mL 的 HBV WHO 参考品灵敏度测试 PCR 图谱

3. 线性

提取稀释浓度为 $5 \times 10^3 \text{IU/mL} \sim 5 \times 10^6 \text{IU/mL}$ 的 HBV 企业定量参考品样本，得到 $R^2 > 0.9999$。其线性 PCR 图及相关系数分别如图 3-69 和图 3-70 所示。

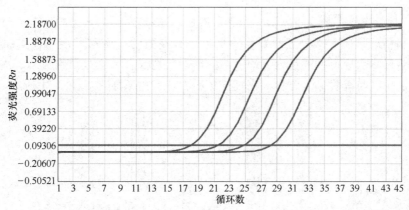

图 3-69 浓度为 $5 \times 10^3 \, \text{IU/mL} \sim 5 \times 10^6 \, \text{IU/mL}$ 的 HBV 企业定量参考品线性 PCR 图

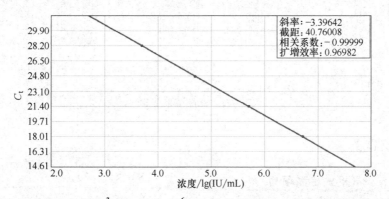

斜率：-3.39642
截距：40.76008
相关系数：-0.99999
扩增效率：0.96982

图 3-70 浓度为 $5 \times 10^3 \, \text{IU/mL} \sim 5 \times 10^6 \, \text{IU/mL}$ 的 HBV 企业定量参考品相关系数

4. 交叉污染

浓度为 $5 \times 10^5 \, \text{IU/mL}$ 的 HBV 强阳性参考品和阴性对照，采用棋盘试验进行交叉分布提取。棋盘试验交叉污染测试结果见表 3-55。

表 3-55 棋盘试验交叉污染测试结果

序号	第1列	第2列	第3列	第4列	第5列	第6列	第7列	第8列	第9列	第10列	第11列	第12列
A	22.80	NoC_t	22.67	NoC_t	22.73	NoC_t	22.95	NoC_t	22.59	NoC_t	22.41	NoC_t
B	NoC_t	22.78	NoC_t	22.60	NoC_t	22.64	NoC_t	22.85	NoC_t	22.39	NoC_t	22.45
C	23.08	NoC_t	22.95	NoC_t	22.65	NoC_t	22.78	NoC_t	22.28	NoC_t	22.31	NoC_t
D	NoC_t	22.77	NoC_t	22.89	NoC_t	22.74	NoC_t	22.69	NoC_t	22.21	NoC_t	22.51
E	23.11	NoC_t	23.01	NoC_t	22.59	NoC_t	23.04	NoC_t	22.56	NoC_t	22.59	NoC_t
F	NoC_t	22.77	NoC_t	22.79	NoC_t	23.02	NoC_t	23.04	NoC_t	22.48	NoC_t	22.48
G	23.04	NoC_t	22.97	NoC_t	23.00	NoC_t	22.99	NoC_t	22.43	NoC_t	22.72	NoC_t
H	NoC_t	23.00	NoC_t	23.08	NoC_t	22.92	NoC_t	22.76	NoC_t	22.61	NoC_t	22.56
设置的阴性孔数	4	4	4	4	4	4	4	4	4	4	4	4
污染孔数	0	0	0	0	0	0	0	0	0	0	0	0

注：NoC_t 表示无扩增 C_t 值，代表检测结果为阴性。

（三）核酸提取原理

仪器利用试验仓磁棒架上的磁棒，将吸附有核酸的磁珠移动至不同的试剂孔内，使用磁棒套反复快速搅拌液体，让液体与磁珠均匀地混合，经过细胞裂解、核酸吸附、磁珠转移、洗涤与洗脱，最终得到高纯度核酸，核酸提取原理如图 3-71 所示。

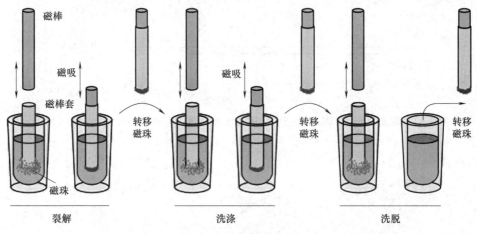

图 3-71　核酸提取原理

二、仪器的操作

（一）仪器开展的检测项目

支持磁珠法的病毒提取试剂盒、细菌提取试剂盒、全血基因组提取试剂盒、FFPE 组织核酸提取试剂盒、粪便提取试剂盒。

（二）操作规程

1. 操作流程

1）将试剂盒从包装盒内取出恢复室温，将可能黏附在 96 孔板铝膜及孔壁的液体甩至孔底部，静置 3min~5min 备用。

2）小心撕开各试剂盒铝膜，加入对应试剂及样本。

3）将试剂盒依次放入试验仓内对应位置，并将磁棒套放入磁珠位试剂盒内。

4）在仪器程序运行界面单击所需要运行的试验程序即可。

5）待仪器运行完毕后取出试剂盒丢弃在医疗垃圾桶内。

2. 试验前准备

1）人员要求：临床实验室应严格按照《医疗机构临床基因扩增检验实验室管理办法》（卫办医政发〔2010〕194 号）等有关分子生物学实验室、临床基因扩增实验室的管理规范执行。试验人员必须进行专业培训，试验过程严格分区进行，所用消耗品应灭菌后一次性使用，试验操作的每个阶段使用专用的仪器和设备，各区各阶段用品不能交叉使用。

2）仪器要求：开机之前确认，确认仪器放置的台面及仪器内外表面无液体或其他无关物品，接通电源后，仪器开机自检完成后进入主界面，完成自检后仪器可正常使用。

3）试剂要求：使用之前，确认试剂的外包装印刷准确，完好无损。试剂盒内液体组分齐全，提取试剂Ⅰ、提取试剂Ⅱ、洗脱液为无色澄清液体，蛋白酶 K 为淡黄色液体，磁珠溶液为浅黄色至黑褐色溶液，仪器洗脱液为无色黏稠状液体。包装外观清洁、无泄漏、无破损。标签及说明书齐全、准确。确认试剂盒的保存条件与说明书中规定的保存条件一致，若超出规定的保存温度及保存时间，不可使用。试剂使用时，先将试剂盒膜撕开进行加样，打开仓门，从左到右依次是裂解位、磁珠位、洗涤位1、洗涤位2、洗脱位，按照试剂盒说明书及标识，将试剂盒放入仪器中的 5 个定位槽，将磁棒套放在磁珠位的试剂盒内。

4）环境要求：仪器运行对试验环境的温度要求为 5℃~40℃，湿度为 30%~80%。样本要求：如果试验样本未经灭活，是具有感染性的材料以及临床样本，那么应当在生物安全二级实验室进行，同时采用生物安全三级实验室的个人防护。分子克隆等不含致病性活病毒的其他操作，可以在生物安全一级实验室进行。

5）样本要求：推荐在试验前，对有致病性的活病毒试验样本进行灭活处理。样本的采集按照各样本类型的采集方法进行，采集好后的样本（推荐灭活后）应立即用于检测，或在 2℃~8℃ 保存，不超过 24h；长期保存应置于 -60℃ 以下（如无 -60℃ 条件，可暂存于 -25℃~-15℃，不超过 2 个月），经提取后的核酸提取液在 2℃~8℃ 保存应不超过 4h，避免反复冻融。标本运输采用冰壶加冰或泡沫盒加冰密封运输。

3. 试验运行注意事项

试验运行前确认试剂盒是否安装到位，注意事项如下：

1）将放置磁棒套的96孔试剂盒放在从左到右第2个试剂盒定位槽。

2）放置每个96孔试剂盒的固定槽的两边各有一个限位块辅助定位，同时两边还各有一个弹片帮助固定96孔试剂盒。

3）从左到右第1个和第5个定位槽内有加热装置。

4）将试剂盒插入试剂盒的固定槽内，应固定到位。

5）开机自检后，才能放置96孔试剂盒。

6）务必确保96孔试剂盒放置平整到位后才能启动程序。

4. 试验完成注意事项

单次试验及当天试验结束后应开启紫外线灯照射30min以上消毒灭菌。

（三）维护保养

本仪器需要进行日常清洁维护，使用75%乙醇和清洁布对仪器表面、试验仓内壁、磁棒和磁棒架进行擦拭清洁，清洁过程中使用的清洁布，应先用洗涤液清洗，再用清水洗净、晾干，以备下次使用，长期使用后，视情况更换。

第十三节　赛默飞世尔核酸提取仪

一、仪器的性能

（一）仪器简介

KingFisher Flex 型高通量全自动核酸提取仪采取图形化超大 LCD（液晶显示器）人机界面和 500 个程序的存储空间辅以直观的图形显示，实现对不同的应用进行分类管理；基于 KingFisher 磁棒式转移磁珠专利技术，避免离心，抽真空或转移液体；可在 15min~40min 内平行提取 96 个样品；仪器配合 24DW 磁头，工作体积可达到 5mL；转盘式设计可完成 8 个提取板位；深 U 形凹槽热块与 KingFisher 耗材结合，升温迅速，每个板位均可实现 ±1℃的精准温控；系统开放，兼容基于磁珠法的试剂盒；通过专利磁头配套专用耗材实现防污染功能。

适用样本类型及应用如图 3-72 所示。

应用方向	样本类型：	下游应用：
核酸提取	• 全血/血浆/白细胞	• PCR/qPCR
蛋白纯化	• 病理组织/尿液/粪便	• 一代/二代测序
细胞分离	• 唾液/毛发/骨头	• 芯片检测
	• 培养细胞/菌液/拭子	• 转染
	• 真菌/土壤/藻类	• Western Blot(蛋白免疫印迹)
	• 种子/叶片/根茎	• 质谱分析
	• 农产品/加工食品	

应用领域：		
• 生物样本库	• 蛋白组学研究	• 环境污染及微生物监测
• 无创产前检测	• 法医鉴定	• 动、植物分子育种研究
• 肿瘤研究	• 兽医监察及动物疫病监测	• 生物制品核酸残留检测
• 临床分子检测	• 食品安全监测及风险评估	• 噬菌体淘洗
• 分子流行病学研究	• 食品转基因检测	• 分子相互作用研究[IP/Co-IP(免疫共沉淀)]
• 基因表达水平分析	• 种子真实性及纯度检测	• CAR-T(嵌合抗原受体T细胞免疫治疗)

图 3-72　适用样本类型及应用

（二）性能评价

1. 精密度

浓度为 2000 拷贝/μL 的 Xeno RNA 参考品，批量提取样本，采用 $CV=$（标准偏差 SD/平均值 $Mean$）$\times100\%$ 分析，$CV<5\%$。

2. 灵敏度

浓度为 100000 拷贝/μL 的 Xeno RNA 参考品稀释样本，重复提取 24 个样本，采用稀释样本的平均 C_t 值/相应浓度对照标准品的 C_t 值分析，检出率为 100%。

3. 磁珠性能

磁珠范围为 2.8μm 时，磁珠吸附回收率 >95%。

（三）核酸提取原理

核酸提取原理如图 3-73 所示。

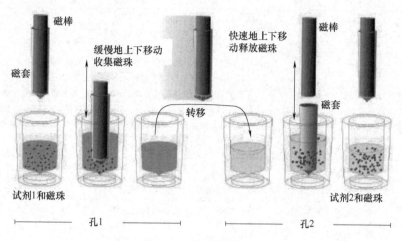

图 3-73　核酸提取原理

KingFisher Flex 型高通量全自动核酸提取仪所采用的工作原理是 MPP（反向磁珠处理）技术。与外部磁体方法相比，磁珠从一个微孔板移动到另一个含有特定试剂的微孔板上，而不是移动液体。磁棒协助转移磁珠，磁棒上覆盖专门设计的一次性塑料磁套。采用磁棒工作可分为 5 个独立阶段：

（1）收集磁珠　在磁珠收集过程中，磁棒完全置于磁套内部。配置磁套的磁棒在微孔板上上下缓慢移动，将磁珠收集到磁套边缘。带有磁珠和磁套的磁棒，可从微孔板中上提取出，随后转移到下一个微孔板上。

（2）释放磁珠　磁珠收集后，将磁棒和磁套从微孔板上提取出，磁棒升起，磁套下降到下一个含有试剂的微孔板中。采用高速多次上下移动磁套，释放磁珠，直至所有磁珠与下一次反应的物质混合。

（3）清洗磁珠　清洗磁珠是常见的重要处理阶段。清洗是在填充洗涤液的微孔板中进行释放和收集。为了最大限度地提高清洗效率，磁棒和磁套的设计旨在尽量减少携液。

（4）孵育　为了保持磁珠悬浮液能在长期反应中均匀混合，可在溶液中上下移动磁套。

（5）浓缩　首个微孔板的溶液体积可以比下一个微孔板大，以达到浓缩目的。

（四）仪器的技术要求和安装要求

1. 仪器的技术要求（见表 3-56）

2. 仪器的安装要求

（1）仪器安装环境　确保操作现场无过多灰尘、振动、强磁场、阳光直射或紫外线光、小股气流、过多湿气或较大温度波动。

表 3-56　仪器的技术要求

要求		内容
功能		实现样本的核酸提取
提取时间/通量		15min~40min/96
板位		8 板位
使用耗材		可与 4 种不同的微孔板类型兼容：KingFisher 24 深孔微孔板、Microtiter 96 深孔板、KingFisher 96 微孔板和 PCR 微孔板。每个微孔板类型均有优化的 KingFisher Flex 磁头和磁套。在 4 种微孔板中，KingFisher 96 微孔板可与其他 3 种微孔板配合使用（例如，KingFisher 96 微孔板可与 Microtiter 96 深孔板或 PCR 微孔板配合使用）
使用试剂		具备原厂预分装试剂盒，试剂开放，无品牌限制
处理体积		20μL~5000μL/孔
混匀模式		磁头上下运动使液体混匀
屏幕尺寸		240×360 像素的显示器
声音提示		有
照明		无
接口		USB 或串行 RS-232C 端口
通信方式		—
防污染		防污染罩
电源		AC 100V~240V,50Hz~60Hz,额定自动电压检测
产品外形	整机质量	28kg
	整机尺寸（长×宽×高）	680mm×600mm×380mm
使用环境	环境温度	5℃~40℃
	相对湿度	10%~80%（无冷凝）
运输环境	环境温度	-40℃~60℃,装在运输包装中
	相对湿度	10%~80%
温控范围		5℃~115℃,且 8 个板位中任一板位均可实现温控
温控精度		±1℃
提取孔间差		—
磁珠回收率		≥95%
运行噪声		不会产生有害操作噪声,安装后无须进行声级测量
使用寿命		—
产品认证		NMPA

1) 应确保工作区平坦、干燥、干净、防振；应预留配件、电缆和放置位置。

2) 应确保仪器后方有足够空间，以便可断开器械。

3) 应确保环境空气清洁，无腐蚀性蒸气、烟雾和灰尘。

4) 应确保环境温度为 5℃~40℃。

5）应确保相对湿度为 10%~80%（无冷凝）。

（2）放置位置　设备两侧和背部应预留足够空间（至少 10cm），以便有足够的空气流通。

全自动核酸提取仪不会产生有害操作噪声，安装后无须进行声级测量。

将仪器置于常规实验室工作台上。整个设备净重约 28kg。

（3）其他要求　本仪器的操作电压为 100V~240V，频率范围为 50Hz~60Hz。

二、仪器的操作

（一）仪器开展的检测项目

仪器开展的检测项目见表 3-57。

表 3-57　仪器开展的检测项目

核酸类	蛋白类	其他
1. 全血 DNA 提取 2. 全血 RNA 提取 3. 组织/细胞 DNA 提取 4. 组织/细胞 RNA 提取 5. 植物 DNA 提取 6. 病毒 NA 提取 7. 微生物 DNA 提取 8. 质粒 DNA 纯化 9. FFPE DNA/RNA 提取 10. 游离核酸提取 11. micro RNA（微小核糖核酸）提取 12. PCR 产物纯化 13. mRNA 纯化［poly A（聚腺苷酸）］	1. 标签蛋白纯化 　GST 标签蛋白 　His 标签蛋白 　c-Myc 标签蛋白 2. 抗体纯化 　Protein A、G、L 　Protein A/G 3. 分子间相互作用 　IP/Co-IP 　ChIP（染色质免疫共沉淀） 　RNA-Protein Pull-Down（RNA-蛋白互作） 4. 生物淘洗-噬菌体筛选 5. 磷酸化多肽富集	1. 宿主细胞核酸残留检测 2. 宿主蛋白残留检测 3. 糖基化检测 4. 致病菌富集 　E. coli（大肠杆菌） 　李斯特菌 　沙门氏菌 　军团菌 5. 磁珠法 ELISA（酶联免疫吸附试验） 　农药残留 　工业化合物 　雌激素 6. Luminex 样品准备

（二）操作规程

1. 操作流程

1）开启仪器电源开关（可随用随开，无须预热）。

2）选择位于中间的用户列表，进入 DNA 文件夹。

3）选择需要运行的程序，按〈start〉键运行。

4）根据屏幕上的文字提示，按〈start〉键依次放入对应的板子（不要看数字序号），仪器开始运行。

5）等待仪器运行结束，按〈start〉键依次取出所有板子，程序结束。

6）关闭仪器电源，登记使用记录。

2. 试验前准备

（1）人员要求　具备试验操作资质经过仪器使用培训的工作人员。

本产品含有磁力极强的永磁体。佩戴心脏起搏器或金属假肢的人员，不应使用本产品。如佩戴心脏起搏器或金属假肢的人员与强磁场近距离接触，心脏起搏器或假肢可能会受到影响或损坏。

（2）仪器要求　使用全自动核酸提取仪时，应遵守基本安全注意事项，以减少受伤、生物危害污染、火灾或触电的风险。操作本仪器前应充分阅读本用户手册。如未能阅读、理解和遵守本手册中的指南，可能会导致仪器受损、实验室操作人员受伤或仪器性能弱化。应遵守所有"警告""小心"和"注意"声明，以及关注仪器和文档中的安全符号和标记。仅限使用仪器专用软件操作本仪器。仪器通电时，除透明罩盖或滑动门外，不得在全自动核酸提取仪上使用任何其他罩盖。严禁强行将不适合的微孔板置于仪器内。KingFisher Flex 型高通量全自动核酸提取仪仅供实验室研究使用。务必遵守相应的实验室安全注意事项，比如穿戴防护服，遵守已获批实验室安全程序。应遵守预防维护说明书中规定，确保仪器处于最佳状态，可靠性最高。如仪器维护不当，则无法提供最佳效果。

（3）试剂要求　KingFisher Flex 是一个全开放的仪器平台，可灵活适配第三方核酸提取试剂。应选择在说明书中标注适配 KingFisher Flex 的试剂盒。

（4）样本要求　依据样本类型及所选用的试剂盒说明书执行。比如，使用赛默飞世尔科技（广州）有限公司生产的货号为 RA42352PF 的核酸提取或纯化试剂。适用样本类型包括血液，鼻、咽拭子保存液，唾液，以及病毒保存液等液体样本，按照各样本类型常规采集方法进行采集。采集后的样本可立即用于核酸提取，或 2℃~8℃ 保存（不超过 24h），长期保存应置于 -20℃ 以下，避免反复冻融。样本可采用加冰密封进行运输。

（5）环境要求　确保操作现场无过多灰尘、振动、强磁场、阳光直射或紫外线光、小股气流、过多湿气或较大温度波动。应确保工作区平坦、干燥、干净、防振；应预留配件、电缆和微孔板。应确保仪器后方有足够空间，以便可断开器械。应确保环境空气清洁：无腐蚀性蒸气、烟雾和灰尘。应确保环境温度为 5℃~40℃。应确保相对湿度为 10%~80%（无冷凝）。注意放置位置（周围通风、排风，与其他仪器距离等）：设备两侧和背部应预留足够空间（至少 10cm），以便有足够的空气流通。

3. 试验运行注意事项

1）推荐使用 KingFisher Flex 配套的孔板和磁头套。

2）严格按照试剂说明书推荐的试剂和样品量上样，保证每个孔样品和试剂的总体积不超过 1mL，以免出现溶液溅出，造成交叉污染。

3）每次运行前一定要在相应的板中放入磁头套。

4）切忌用手拨动仪器转盘，以免导致位置偏差，仪器不能运行。

5）磁头属于贵重硬件，操作仪器时切忌碰撞磁头。

4. 试验完成注意事项

1）提取过程中不慎将液体洒到仪器上，应及时清理干净。

2）如果仪器出现故障，应立即与技术人员联系。

（三）维护保养

（1）维护周期　每周维护一次。

（2）操作步骤

1）清洁前先断电，用75%的乙醇或中性洗涤剂清洁仪器的外表面、保护罩、转盘、挡板，清洁完毕用抹布擦干。

2）磁头清洁无须过于频繁，1个~2个月清洁一次即可，清洁完及时擦干，否则磁头容易生锈，导致磁性下降。

3）如有需要，可以定期用DNA/RNA清除剂（商品化试剂）擦拭仪器表面，彻底消除DNA/RNA残留污染。

（3）注意事项

1）不要自行拆卸仪器中的零部件，自行拆卸可能导致磁头和板位的位置发生偏差，使得仪器无法正常工作。

2）磁头带有强磁性，建议装有心脏起搏器的人员不要靠近和使用。清洁磁棒时需要小心，不要使用金属器械，不要弄断磁棒。

3）使用中如有液体溅出，应及时擦掉，以防液体流入仪器内部损伤仪器。

4）可定期删除掉仪器内多余的程序，方便查找程序。

5）维护后填写"仪器设备维护记录"表。

第十四节　核酸提取仪相关记录表格

1）核酸提取仪使用记录见表3-58。

表3-58　核酸提取仪使用记录

仪器名称			仪器型号				仪器编号		
使用日期	起始时间	终止时间	测试项目	数量	室温/℃	相对湿度(%)	仪器状态	使用者签名	备注

2）核酸提取仪维护保养记录见表3-59。

表3-59　核酸提取仪维护保养记录

设备名称		编号		
序号	维护日期	维护内容	维护人	备注

（续）

1. 设备部件检查

	检查项	技术要求	检查与处理记录	结果判定
设备部件	电源线	仪器电源线完好		
	设备清洁	仪器表面和内部干净、无异物		
	总电源开关	总电源开关可正常控制设备总电源		
	紫外线灯开关	紫外线灯开关可正常控制紫外线灯		
	自检程序	接通电源,开启仪器,设备运行自检程序顺利,无蜂鸣警报		
	LCD 显示器	LCD 显示器显示正常		
	紫外线灯	托盘最远距离处紫外线照射强度 $\geq 95\mu W/cm^2$		
	磁棒磁通量	磁棒表面磁通量$\geq 380mT$		

备注:若检查项正常,在检查和处理记录栏填写正常和部分测量结果,结果判定栏填写通过;若检查项有问题,在检查和处理记录栏填写问题说明和处理结果,根据实际情况在结果判定栏填写通过或者未通过

2. 设备状态检查

	检查项	技术要求	检查与处理记录	结果判定
设备状态	加热板温度	根据需要编辑相对应的温控程序,待温度稳定后测量$\geq 55\pm2℃$		
	磁棒位置	磁棒位置与加热板中心位置是否对齐		
	10μL 液面位置	根据磁珠是否有残留,决定是否需要调整		

备注:若检查项正常,在检查和处理记录栏填写正常和部分测量结果,结果判定栏填写通过;若检查项有问题,在检查和处理记录栏填写问题说明和处理结果,根据实际情况在结果判定栏填写通过或者未通过

3. 运行检查

	检查项	技术要求	运行记录	结果判定
模拟运行	TEST(测试)	模拟满负载运行 TEST 程序,运行中无机械干涉、无异响,程序运行完毕,蜂鸣器提示运行结束,LCD 显示试验完成		

3）核酸提取仪维修记录见表 3-60。

表 3-60　核酸提取仪维修记录

设备名称		设备编号	
报修部门		报修日期	
维修原因	故障发生经过(故障发生日期):		
	报修人:　　　　　日期:		

（续）

维修情况	维修单位		维修日期	
	修理费和结论：			
			设备管理员：	日期：
部门意见				
			部门负责人：	日期：
审批意见				
			技术负责人：	日期：
验 收	验收意见（包括检定或校准、功能检查情况）			
	验收人员及部门负责人：			日期：

4）核酸提取仪复查记录见表 3-61。

表 3-61 核酸提取仪复查记录

日期	编号	初检仪器	复查原因	重提试剂	重提仪器	复检试剂	复检位置	试验板名称	复检质控结果	复检结果	复检人

5）核酸提取仪维修后验证报告见表 3-62。

表 3-62 核酸提取仪维修后验证报告

1. 整机维护				
序号	检查项目	检查内容	检查结果	备注
1	环境检测	运行温度：15℃～35℃ 运行湿度：15%～90% 线路频率：50Hz 线路电压：AC 200V～240V 接地电压：<3V	□正常 □不正常	

（续）

1. 整机维护

序号	检查项目	检查内容	检查结果	备注
2	外观维护	外观表面整洁，无锈渍，无变形 紧固件安装牢固，开关按键灵活可靠	□正常　□不正常	
3	通电运行	通电正常运行，无卡顿，无异响	□正常　□不正常	

2. 平台定位

序号	校准项目	校准内容	校准结果	备注
1	软件版本	软件版本信息核对	□正常　□不正常	
2	初始化状态校准	4 通道 Y 方向间距调试	□正常　□不正常	
3		4 通道 Z 水平高度调试	□正常　□不正常	
4	脱针位置校准	脱针位置参数调试	□正常　□不正常	
5	平台转板定位校准	深孔板位调试	□正常　□不正常	
6		磁力架位调试	□正常　□不正常	
7		振荡加热模块调试	□正常　□不正常	
8		冷却模块调试	□正常　□不正常	
9	平台移液定位校准	枪头盒 1 号位调试	□正常　□不正常	
10		枪头盒 2 号位调试	□正常　□不正常	
11		枪头盒 3 号位调试	□正常　□不正常	
12		枪头盒 4 号位调试	□正常　□不正常	
13		枪头盒 5 号位调试	□正常　□不正常	
14		枪头盒 6 号位调试	□正常　□不正常	
15		枪头盒 7 号位调试	□正常　□不正常	
16		枪头盒 8 号位调试	□正常　□不正常	
17		样本载架位调试	□正常　□不正常	
18		深孔板位调试	□正常　□不正常	
19		磁力架位调试	□正常　□不正常	
20		8 连管 1 号位调试	□正常　□不正常	
21		8 连管 2 号位调试	□正常　□不正常	
22		试剂槽 1 号位检查	□正常　□不正常	
23		试剂槽 2 号位调试	□正常　□不正常	
24	仪器功能指标检测	振荡孵育模块振荡功能	□正常　□不正常	
25		振荡孵育模块加热功能	□正常　□不正常	
26		冷却模块冷却功能	□正常　□不正常	
27		紫外线灯开启功能	□正常　□不正常	
28		外排风扇开启功能	□正常　□不正常	
29		报警提示功能	□正常　□不正常	
30		条码扫描功能	□正常　□不正常	
31		凝块检测功能	□正常　□不正常	

（续）

3. 移液性能

泵编号	1 号泵		2 号泵		3 号泵		4 号泵	
加样量 /μL	200 Tips10 （10μL 吸头）	1000 Tips50 （50μL 吸头）	200 Tips10	1000 Tips50	200 Tips10	1000 Tips50	200 Tips10	1000 Tips50
1								
2								
3								
4								
5								
6								
7								
8								
9								
10								
平均值								
CV 值								
准确性								

加样通道	检测项目	测量结果	检验标准	验证结果
1 号泵	10μL 移液精密度		≤3%	□符合　□不符合
	10μL 移液准确性		≤±5%	□符合　□不符合
	50μL 移液精密度		≤2%	□符合　□不符合
	50μL 移液准确性		≤±5%	□符合　□不符合
2 号泵	10μL 移液精密度		≤3%	□符合　□不符合
	10μL 移液准确性		≤±5%	□符合　□不符合
	50μL 移液精密度		≤2%	□符合　□不符合
	50μL 移液准确性		≤±5%	□符合　□不符合
3 号泵	10μL 移液精密度		≤3%	□符合　□不符合
	10μL 移液准确性		≤±5%	□符合　□不符合
	50μL 移液精密度		≤2%	□符合　□不符合
	50μL 移液准确性		≤±5%	□符合　□不符合
4 号泵	10μL 移液精密度		≤3%	□符合　□不符合
	10μL 移液准确性		≤±5%	□符合　□不符合
	50μL 移液精密度		≤2%	□符合　□不符合
	50μL 移液准确性		≤±5%	□符合　□不符合

（续）

4. 温控性能

检测项目	采集点位	实测温度/℃	平均温度/℃	检验标准	验证结果
预热 10min	1			平均温度≥85℃	□符合　□不符合
	2				
	3				
	4				
	5				
升温 20min	1			平均温度≥85℃	□符合　□不符合
	2				
	3				
	4				
	5				
降温 20min	1			平均温度≤35℃	□符合　□不符合
	2				
	3				
	4				
	5				

核酸提取仪常见故障分析及案例 4

一、概述

核酸检测前处理系统多采用上吸式磁珠法提取技术，配合预分装的核酸提取试剂，可实现临床样本的核酸提取、纯化及 PCR 体系构建的全流程自动化、智能化。在使用过程中，由于设备老化、维护不当或操作者使用不当，可能会发生一些异常情况。操作人员应及时处理这些异常情况，还应协助维修人员对设备出现的问题进行分析并提供相应的维修思路。

本章根据核酸提取过程中准备、加载、提取等阶段出现的问题，介绍了一些常见故障分析，为快速、高效地解决问题提供参考。

二、常见故障分析

（一）操作门故障

操作门开关异常，操作门只能开不能关，或者只能关不能开。

1）检查是否有异物阻挡。

2）活动几次操作门，检查是不是力臂活动不畅。

（二）通风口发热

仪器上的开口是为了通风而设的，为了避免温度过高，一定不要阻塞或覆盖通风孔。

1）不要在阳光直射的地方使用仪器，并要远离暖气、炉子及其他一切热源。

2）室内温度过高会影响仪器的性能或引起故障。

3）不要将仪器安放在潮湿或灰尘多的地方。

4）仪器应安放于室内，通风良好，无腐蚀性气体或强磁场干扰。

（三）设备高效过滤系统失效（排风量低或者不排风）

高效过滤系统排风机发生故障或高效过滤网长时间未更换，可导致过滤效率低下。

1）使用检测设备检查排风机线路是否发生短路、断路等情况，检测排风机电动机是否发生故障；如果发生此类现象，可通过更换电动机，重接电路解决问题。

2）检查高效过滤网更换记录，确认是否按要求进行了定期更换。拆下高效过滤网检查污染或被粉尘堵塞程度，若长时间未更换或高效过滤网污染堵塞，则应及时更换。

3）当设备使用期限满 1 年后，应联系制造商派专业人员对高效过滤网进行更换。

（四）机械臂位置偏差

由于设备摆放非水平，有倾斜情况，或 Tip 吸头、PCR 管位与试剂架等模块未规范放置，机械臂容易碰撞到 Tip 吸头、PCR 管位与试剂架等模块。

1）用水平仪放置于仪器底板位置检测设备是否水平，若不水平，可调节底部支撑腿螺钉使仪器水平。

2）将 Tip 吸头、PCR 管位与试剂架等模块按照规定位置摆放，并且确保模块与底板卡扣固定。

（五）移液吸头弃不掉

由于吸头不适配或实验室温度过低导致移液吸头难以弃掉。

1）使用不适配的移液吸头会影响吸头取用、遗弃及移液精度，应及时更换为适配的移液吸头。

2）实验室温度过低或过高都会影响移液吸头的取用和遗弃，应调节实验室温度至合适范围，即 10℃~40℃。

（六）出现试验污染

磁套未规范使用、设备物料区有污染未清理、试验结束后未进行紫外线消杀等都会引起污染。

1）每次试验前都应将磁套放入指定位置，未规范放置磁套极易导致试验污染与设备损坏。

2）清洁设备内部，使用蘸有清洁剂或者乙醇的软布擦拭设备内部，包括 96 孔深孔板固定框、磁棒及物料区，直至无可见污浊位置。

3）每次试验结束后开启紫外线消杀 30min 以上。

（七）提取的核酸得率低

1）样品量与试剂的配比要控制在一定范围，避免超过裂解能力。

2）破碎研磨的步骤处理细节很重要，一定要充分研磨，这是核酸提取的首要条件。

3）洗脱时，应使用足量的洗脱液洗脱并充分混匀，避免有团块残存。

4）试验耗材要匹配。不同的吸附柱或磁珠的核酸吸附能力不同，其核酸的得率也不同。

（八）提取核酸出现降解

1）提取的样品量要符合试剂的配比，尽量控制样品量达到合适比例。

2）每个步骤都要注意充分地混合均匀，避免团块的残留影响试验结果。

3）在洗脱时，时间过长或者温度过高，都有可能会导致核酸降解。

（九）提取到的核酸纯度不够高

1）样本量和裂解液等试剂的配比要尽量控制在合适的范围。

2）混合均匀以确保裂解充分和没有团块残留。

3）晾干的步骤要充分，否则可能会导致醇类等杂质的残留。

4）磁棒振荡幅度太小或混合时间太短，磁珠上有杂质残留都会影响磁珠吸附核酸的能力。

三、案例分析

某核酸提取仪顺利完成第一轮的上机扩增。前面结果无异常（见图4-1），但后面结果出现异常（见图4-2）。该板弱阳性质控 C_t 值明显增大，部分样本内标呈现非典型的 S 形曲线，提示核酸提取过程或扩增环节出现异常，存在假阴性的风险（见图4-2）。查阅在机扩增曲线，发现多台 PCR 扩增仪及另一品牌 PCR 扩增仪均出现类似异常曲线（见图4-2）。

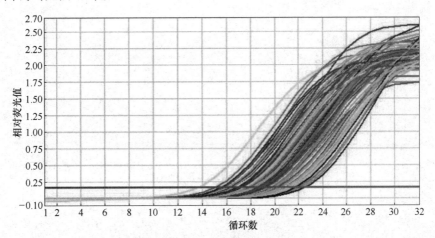

图 4-1　正常扩增曲线

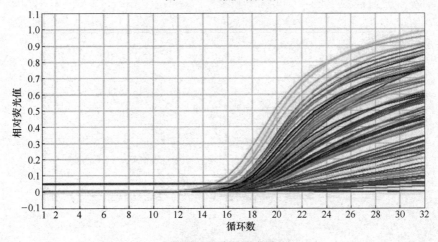

图 4-2　异常扩增曲线

经检查，这并不是一个偶然事件，而是由核酸检测过程中的某一个重要环节出现问题而引起的。立即叫停一、二区工作，共同分析此次异常原因，逐一排查，保证结果的及时准确发布。重新解冻并配置新的扩增试剂，加入原提取的核酸，上机扩增结果显示内标仍扩增效果不佳；更换另一品牌扩增试剂，加入原提取的核酸，上机扩增显示内标仍扩增效果不佳；将另一仓提取的核酸加入至本仓扩增试剂中，上机扩增显示内标扩增效果正常。分析原因得出，气温过低时，提取试剂中有结晶形成，从而影响样本的裂解或核酸的吸附与洗脱，进而导致核酸提取效率偏低，最终导致本次事件所出现的内标扩增不佳。

参 考 文 献

［1］ DAHM R. Discovering DNA：Friedrich Miescher and the early years of nucleic acid research ［J］. Human Genetics，2008，126（6）：565-581.

［2］ TODOROV T I，MORRIS M D. Comparison of RNA，single-stranded DNA and double-stranded DNA behavior during capillary electrophoresis in semidilute polymer solutions ［J］. Electrophoresis，2002，23（7-8）：1033-1044.

［3］ LOUTEN J. Virus Replication ［M］. Pittsburgh：Academic Press，2016.

［4］ MCGLYNN P，LLOYD，R G. RecG helicase activity at three- and four-strand DNA structures ［J］. Nucleic Acids Research，1999 27（15）：3049-3056.

［5］ 全国生物计量技术委员会. （自动）核酸提取仪校准规范：JJF 1874—2020 ［S］. 北京：中国标准出版社，2020.

［6］ 全国生物计量技术委员会. 微量分光光度计校准规范：JJF 1836—2020 ［S］. 北京：中国标准出版社，2020.

［7］ REDDY C A，BEVERIDGE T J，BREZNAK J A，et al. Methods for general and molecular microbiology ［M］. 3rd ed. Washington D. C. ：ASM Press，2007.

［8］ WANG J H，ALI Z，WANG N Y，et al. Simultaneous extraction of DNA and RNA from Escherichia coli BL 21 based on silica-coated magnetic nanoparticles ［J］. Science China Chemistry，2015，58（11）：1774-1778.

［9］ 李照耀. 病毒 RNA 提取方法的比较研究及其唾液中猪圆环病毒荧光定量 PCR 检测方法的建立和初步应用 ［D］. 南京：南京农业大学，2018.

［10］ 罗英. 磁珠法核酸自动提取仪在分子生物学领域的应用 ［J］. 蚕学通讯，2013（2）：22-28.

［11］ MALENTACCHI F，PAZZAGLI M，SIMI L，et al. SPIDIA-DNA：an external quality assessment for the pre-analytical phase of blood samples used for DNA-based analyses ［J］. Clinica Chimica Acta，2013，424：274-286.

［12］ DAUPHIN L A，MOSER B D，BOWEN M D. Evaluation of five commercial nucleic acid extraction kits for their ability to inactivate Bacillus anthracis spores and comparison of DNA yields from spores and spiked environmental samples ［J］. Journal of Microbiol ogical Methods，2009，76（1）：30-37.

［13］ YANG G，ERDMAN D E，KODANI M，et al. Comparison of commercial systems for extraction of nucleic acids from DNA/RNA respiratory pathogens ［J］. Journal of Virological Methods，2011，171（1）：195-199.

［14］ MALENTACCHI F，CINISELLI C M，PAZZAGLI M，et al. Influence of pre-analytical procedures on genomic DNA integrity in blood samples：the SPIDIA experience ［J］. Clinica Chimica Acta，2015，440：205-210.

［15］ KIM J H，JIN H O，PARK J A，et al. Comparison of three different kits for extraction of high-quality RNA from frozen blood ［J］. Springerplus，2014，3（1）：1-5.

［16］ PAZZAGLI M，MALENTACCHI F，SIMI L，et al. SPIDIA-RNA：first external quality assessment for the pre-analytical phase of blood samples used for RNA based analyses ［J］. Methods，2013，59（1）：20-31.

［17］ 谢松城，郑焜. 医疗设备使用安全风险管理［M］. 北京：化学工业出版社，2019.

［18］ 全国医疗器械质量管理和通用要求标准化技术委员会. 医疗器械 风险管理对医疗器械的应用：YY/T 0316—2016［S］. 北京：中国标准出版社，2017.

［19］ 国际标准化组织. 医疗器械—风险管理在医疗设备中的应用：ISO 14971：2019［S］. 日内瓦：ISO 版权局，2019.

［20］ 全国医疗器械质量管理和通用要求标准化技术委员会. 医疗器械 用于医疗器械标签、标记和提供信息的符号 第 1 部分：通用要求：YY/T 0466.1—2016［S］. 北京：中国标准出版社，2017.

［21］ 全国医用临床检验实验室和体外诊断系统标准化技术委员会. 测量、控制和实验室用电气设备的安全要求第 2-101 部分：体外诊断（IVD）医用设备的专用要求：YY 0648—2008［S］. 北京：中国标准出版社，2009.

［22］ 全国工业过程测量和控制标准化技术委员会. 测量、控制和实验室用的电设备电磁兼容性要求 第 26 部分：特殊要求 体外诊断（IVD）医疗设备：GB/T 18268.26—2010［S］. 北京：中国标准出版社，2011.

［23］ 国际标准化组织. 医学实验室—质量和能力的要求：ISO 15189：2012［S］. 日内瓦：ISO 版权局，2012.

［24］ 王辉. 宏基因组高通量测序技术应用于感染性疾病病原检测中国专家共识［J］. 中华检验医学杂志，2021，44（2）：107-120.

［25］ 张文宏. 宏基因组高通量测序技术应用于感染性疾病病原检测中国专家共识［J］. 中华传染病杂志，2020，38（11）：681-689.

［26］ UNGERER V，BRONKHORST A J，HOLDENRIEDER S. Preanalytical variables that affect the outcome of cell-free DNA measurements［J］. Critical Reviews in Clinical Laboratory Sciences，2020，57（7）：484-507.

［27］ 中国抗癌协会肿瘤标志专业委员会. ctDNA 高通量测序临床实践专家共识（2022 年版）［J］. 中国癌症防治杂志，2022，14（3）：240-252.